アッシリアの王アッシュルバニパル（前9世紀）のライオン狩り

ユダヤ人ダニエルとライオンたち。ブリトン・リヴィエール（1840–1920）が
『旧約聖書続編』「ベルと竜」を描いた作品より

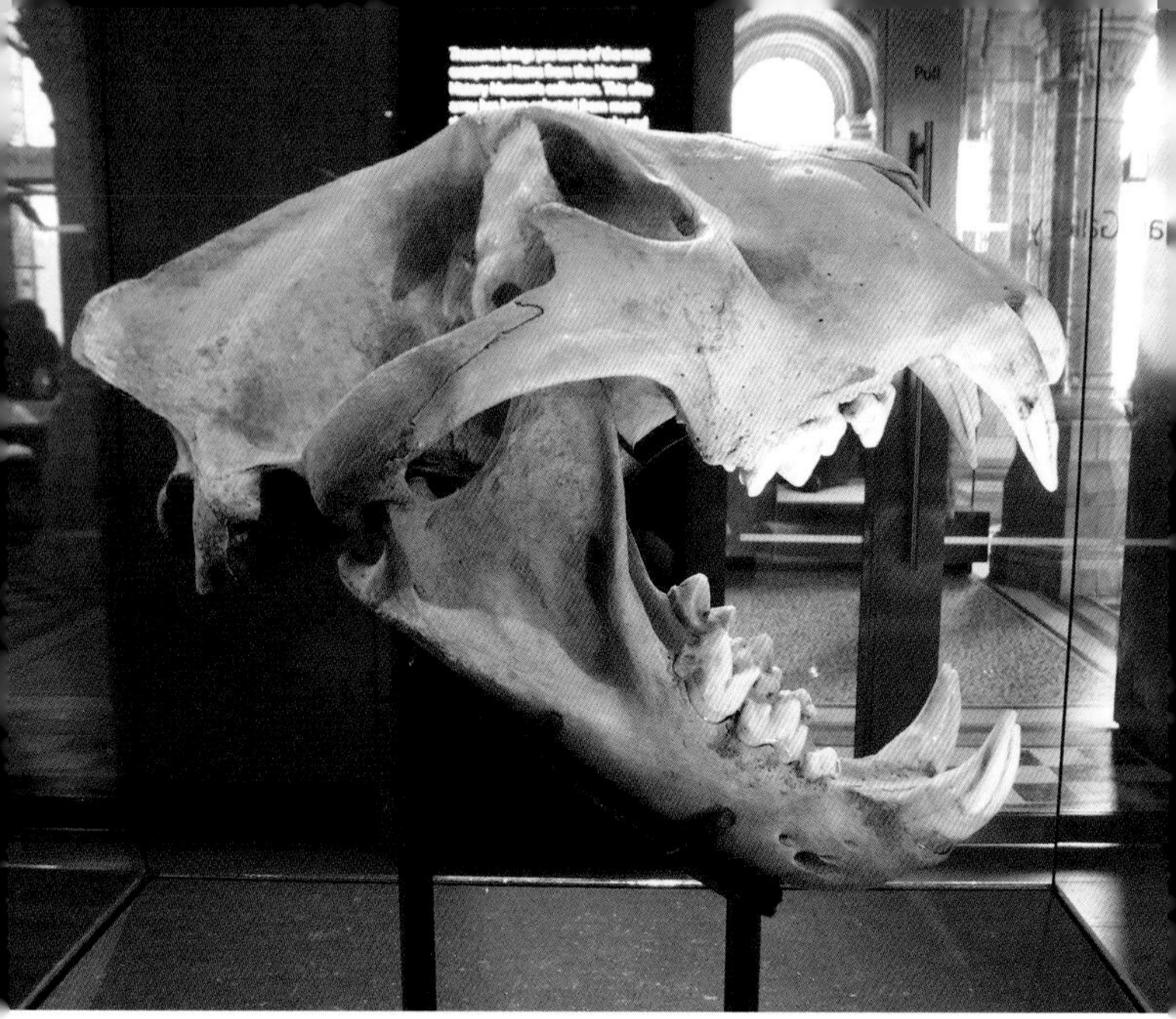

ロンドン塔にいたライオンの頭骨

ロンドンの「民営メナジェリー」の内部の様子

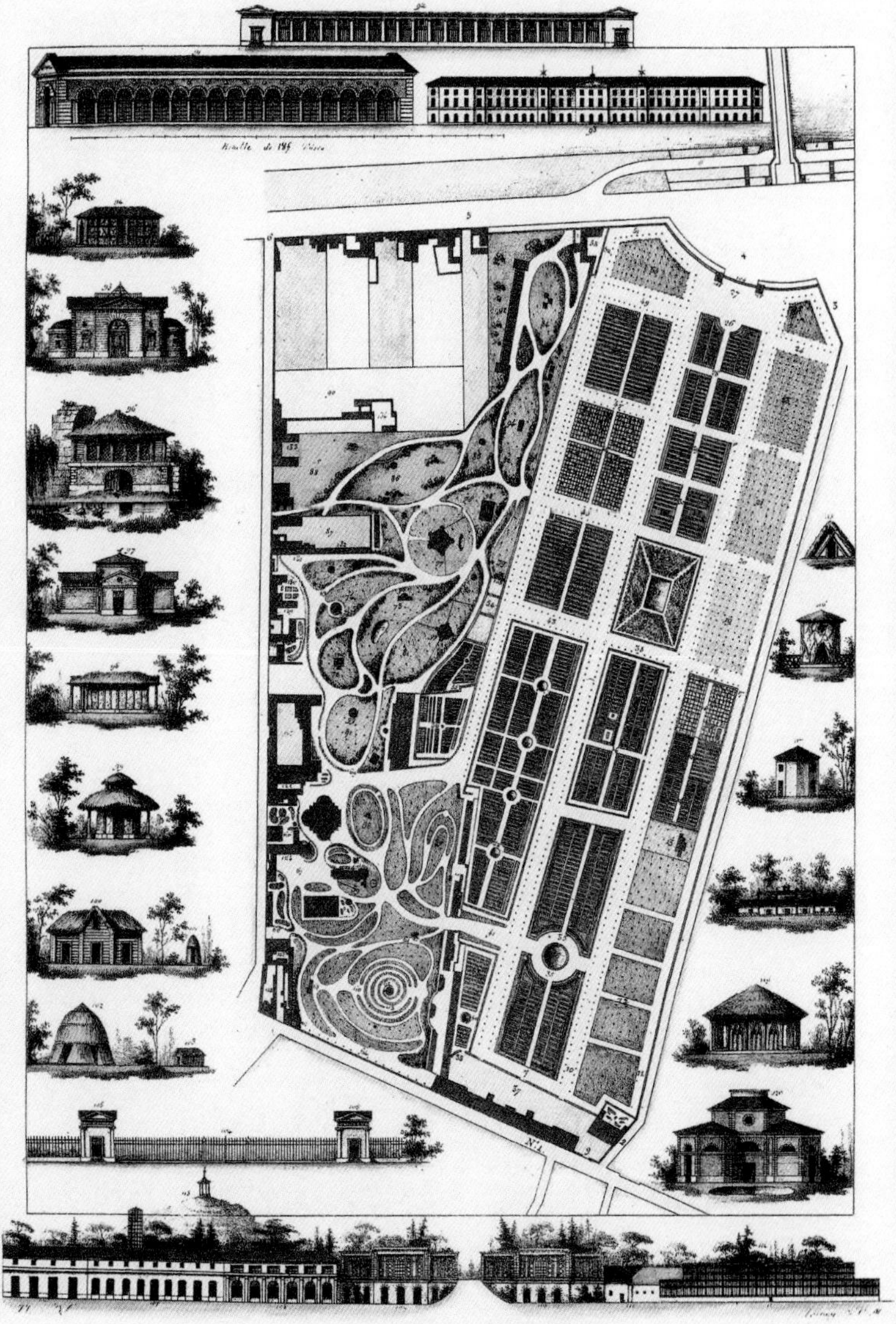

世界初の動物園、パリの「ジャルダン・デ・プラント」上面図（1823）

ベルギーのアントワープ動物園の飼育舎

ベルリン動物園のアンテロープ舎

江戸時代のクジャクの見世物。「四条河原遊楽図」（堂本家所蔵）より

上野動物園（1896年の様子）

ドイツの動物商ハーゲンベックの民族展にかかわった人びと

ハーゲンベック恐竜探検隊の記事。『スフィア』紙（1910年1月8日）

サンディエゴ動物園のサファリ・パークの様子

アメリカ西海岸のモントレーベイ水族館のケルプ・フォレスト水槽。
モントレー湾の海藻の森をリアルに再現

動物園・その歴史と冒険

溝井裕一
関西大学教授

713
中公新書ラクレ

はじめに

2018年夏、記録的な猛暑のなか、映画『ジュラシック・ワールド／炎の王国』が封切られた。「ジュラシック・ワールド」シリーズは、現代によみがえった恐竜の飼育施設で生じた災厄を描いた『ジュラシック・パーク』（原作1990年、映画化1993年）に続くものだが、その絶大な人気は、恐竜だけに由来するのではない。一連の作品が、わたしたちがいだいてきた欲望と苦悩の両方を表現してもいるからだ。

なじみの世界をはなれて、どこか別の世界へゆきたいという思い。圧倒的な強さをもつ動物たちへの憧れと、彼らを意のままにしたいという野望――そして、それにともなう数々の愚行と、結局「他者」としての動物たちと、いかに向きあうべきなのかという問い。

動物園史をあつかった本書もまた、こうしたテーマをとりあげることになる。これは偶然でもなんでもない。ジュラシック・ワールド（パーク）は本質的に動物園であり、その背後にある伝統と思想を背負っているからだ。

動物園――この魅力的な施設は、近代のヨーロッパで誕生した。それは西洋列強が、世界中の人間のみならず、自然までをも支配せんと望んだ時代であった。イギリス、フランス、ドイツといった国ぐには、ライオン、キリン、ゾウ、シマウマ、サイ、チンパンジーなどを競って収集した。できるだけたくさんの種類の動物を集めれば、それだけ国の威信を高めることができたからだ。いや、なにも現代の生物にかぎる必要はない。本書でも紹介するが、恐竜を獲得すべく探検隊を派遣することさえあった。あの野望が渦巻く時代、すべては可能なことに思われたのだ。

もっとも、動物園の前身にあたる施設は、ずっとむかしから存在した。たとえば古代（4世紀まで）の権力者たちは、珍しい動物を飼うことに熱心であったし、中世（5～15世紀）から近世（16～18世紀）のヨーロッパの君主たちも、「動物コレクション」をもっていた。

これらは所有者の富や権力をアピールするための施設だったが、このように「支配」を前提にした動物飼育は、20世紀後半になるとしだいに批判されるようになっていく。

動物は、はたして人間が思うままにしてよい存在なのか。彼らにも、最低限の権利はあるのではないか。

これがやがて、動物園に「動物保全センター」へ変容することや、自然環境をシミュレートした展示をおこなうよう、うながすようになるのだが、ひとは動物たちといかに向きあうべきかという問いは、『ジュラシック・ワールド』においても再三あらわれる。動物園は、まさにいまホットなテーマなのだ。

本書の構成を説明しよう。この本がメインとするのは、近代から現代、すなわち19～21世紀だ。ただし、動物園の前身がどのような姿をしていたのかも、知りたい方は多いはずだから、第1章で古代～近世の動物コレクションをとりあげる。

第2章から第4章は、19～20世紀前半をあつかい、どのようないきさつで動物園が生まれたのか、またどんな展示がじっさいにおこなわれたのかをみる。外国風のユニークな飼育舎や異民族の展示、未知の生物を捕獲しようとしたエピソード、戦時中に生じた凄惨なできごとも、ここに含まれる。

第5章と第6章は、第2次世界大戦後の動物園の歩みだ。この時代、動物園は東西陣営の国力をみせつける場であったし、動物ショーや、ライガーのような交雑種の「創造」も流行した。いっぽうで、狭いオリで動物を飼うことが問題視されたり、人間が動物を支配してとうぜんという考えかたに異議がとなえられるようにもなった。

この流れに適応するため、動物園が動物保全につとめたり、リアルな自然環境をつくって、そのなかにひとも動物も没入させる展示をおこなうようになったプロセスを紹介する。そのうえであらためて、動物園の未来像について考えをめぐらしてみたい。

動物園をめぐる冒険の世界へ、ようこそ。

目次

第2章 動物園の成立と、そのユニークな文化

第4章 動物園の世界大戦　165

動物園・その歴史と冒険

第1章

王都に響きわたる咆哮

——古代～近世の「動物コレクション」

メソポタミアの動物コレクション

わたしたちのよく知る「動物園」が誕生したのは、18世紀末のヨーロッパにおいてである。しかし、珍しい生きものを集めて展示する場じたいは、はるかむかしからあった。ここでは、それらを「動物コレクション」とよんでおこう。

家畜ではなく、野生の生きものをわざわざ入手して飼うには、金銭的なゆとりや、他地域にすむ人びととのつながりがなければならない。だから、動物コレクションはたいてい王、貴族、聖職者といった特権階級の持ちものだった。しかも、飼っている動物の種類や数が多いほど、彼らの富や権力を誇示することになった。珍しい動物は、ステータス・シンボルだったのである。

また、ライオンやゾウのような力のある生きものを、オリに閉じこめて観賞する行為は、彼らが暮らす野生空間そのものを支配したいという意識とリンクしている。その意味で、世界最古の文明を築いたメソポタミアの人びとが、すでに動物コレクションをもっていたことは興味深い。

彼らが農耕や牧畜をとおして自然環境をつくりかえはじめたのは、紀元前8500〜7000年ごろのこととされる。狩猟民とは異なり、動植物を「コントロール」することで食料を確保したわけだが、そのためには一カ所に集まって共同生活をする必要があった。やがて前4000〜3000年に、ティグリス・ユーフラテス川の下流にある豊かな土地シュメールに、大勢の民が暮らす都市文明が生まれる。そこでは王や神官といった管理エリートが、人びとを統治した。

シュメール人がもっていた世界観は、動物コレクションを考えるうえでも大切だ。史学者の前田徹によれば、彼らは地上世界をふたつに区分してとらえた。すなわち、文明のある地「カラム」と、それをとりまく野蛮な地「クル」である。カラムには、神々のもたらした秩序があるが、クルは恐るべき荒野で、悪霊とか「野蛮人」がすんでいた。危険な「野獣」も、とうぜんクルの産物ということになる。

もちろん、「カラム」と「クル」が常に断絶していたわけではない。両者のあいだには交流があったし、争いもあった。そのとき動物も「ぜいたく品」として贈られたり、略奪されたりした。やがてメソポタミアのエリートたちは、コレクションの規模を争うようになる。動物コレクションは、この地でバビロニアやアッシリアといった王国が栄えた前1000〜330年に、より一般化していった。

なかでも、アッシリアの王アッシュルナシルパル2世（前9世紀）とアッシュルバニパル（前7世紀）は注目に値する。アッシュルバニパルについては、メソポタミアライオン（現在は絶滅）を狩る場面が、王都ニネヴェの宮殿の壁に刻まれている。現在、それは大英博物館でみることができるが、ライオンたちが王と荒々しく戦い、傷つき、殺されていくさまが痛々しい。

ここに描かれたライオンたちは、じつは飼育されていたものであった。その証拠に、オリのなかから放たれる様子が描かれている（図1・2）。彼らはこのあと、囲いのなかで王によって殺されたのだ。とても残酷なことに聞こえるかもしれないが、当時、王

図1・2：アッシュルバニパルのライオン狩りと、オリからときはなたれるライオン

の義務は民を危険動物や敵から守ることとされており、「ライオン狩り」はこれを象徴化した儀礼だった。

また碑文の伝えるところでは、アッシュルナシルパル2世はシリアに遠征したさい、その土地の諸侯から大小のメスザルを受けとった。そこで彼らを首都カルフで飼育し、人びとにもみせたという。また山野でライオン狩りをしたとき、幼体50頭をもちかえり、数カ所でオリに入れて飼育し、繁殖させた。ほかにも、ゾウ、ダチョウ、野生のウシやロバ、シカ、クマ、ヒョウなどを狩っては、カルフで飼育し見世物にしていたそうである（Kisling 2001, 前田 2003、マクニール 2012、マージョリー 2006）。

こうした営みのなかに、筆者は動物園文化の原型をみる思いがしてならない。メソポタミアの人びとは、地上世界を「文明」と「非文明」とにわけ、後者にすむ動物を集めて飼育した。先述したように、そこには所有者の富と権力をアピールするという目的があった。もちろん、珍しい生きものをみたいという好奇心だってあっただろう。しかもオリに入れられた野生動物は、「未開地域」が征服されたことを端的にあらわしていた。

これからみていくように、20世紀にいたるまで、「文明人」を名のる人びとは「未開地域」から連れてこられた生きものたち――ときおり人間も含まれる――の展示に精を出すことになる。最古の文明において、それはすでにはじまっていたのだから、いかに根深い性質のものであるかがわかるだろう。

ひとことでいうと、動物コレクション（動物園）は「支配をあらわす場」であった。

飼育された「聖なる生きもの」たち

動物コレクションは、エジプト、インド、中国、中南米そしてヨーロッパにも存在したが、いまの「動物園」のような、統一された概念があったわけではないから、いろんなバリエーションが存在した。

たとえば古代エジプトの動物コレクションは、権力を誇示するもののほかに、宗教的役割を担うものもあった。前者のタイプでは、捕獲・取引・贈呈などで得たライオン、ヒョウ、ゾウ、ガゼルなどが飼育された。エジプト王はしばしば、いまのエチオピアあたりに交易探検隊を送りこみ、金銀財宝、没薬《もつやく》（ミイラの防腐剤として使われたゴム樹脂）、奴隷とならんでサイやキリンのような貴重な動物を得た。

いっぽうでエジプト人は、動物の姿をした神々を崇拝し、これと関連して「聖獣」が飼育されていた。古代ギリシアの歴史家ヘロドトス（前5世紀）によれば、エジプトでは動物の種ごとに飼育係が任命されており、もし聖獣を殺したら死刑になった。ヘロドトスは、聖なるワニの飼育についてもくわしく書いている。

テバイおよびモイリス湖周辺の住民は、鰐を極度に神聖視している。右のどちらの地方でも一頭だけを選んで飼育しているが、よく飼い馴らしてあり、耳にはガラス製や黄金製の耳輪を、前脚には足輪をはめさせて所定の飼料を与え、生贄まで供えて、生きている限りはこの上なく大切に扱う。死ぬとミイラにして聖なる墓地に葬る。

（松平千秋訳）

古代エジプト人は、ソベクというワニの姿をした水神を崇拝しており、その神殿の池でワニを飼うのが一般的だったという（ウィルキンソン　２００４、ヘロドトス　２０１７）。

宗教目的で動物を飼うといえば、『旧約聖書続編』の「ベルと竜」というエピソードが思いおこされる。ここに登場するのは、ダニエルという、ペルシア王キュロス２世につかえたとされるユダヤ人である。キュロス２世はバビロニアを征服した人物だが、彼のもとには「巨竜」がいて、神として崇《あが》められていた。

あるときキュロスは、ダニエルにもこの竜を崇拝するように命じた。しかしダニエルは、こんな生きものは神ではないといい、「それを証明するために竜を殺してみせましょう」と進言する。その方法とは、ピッチと油脂と毛髪をダンゴにして、呑みこませるというものだった。すると、竜の体は裂けて死んでしまった。

筆者がはじめてこの物語に接したのは、未確認生物学者のジャン＝ジャック・バルロワの、いまも生存している可能性のある恐竜にかんする、ロマンあふれる文章においてだった。恐竜だったかもしれない動物を殺してしまうとは、なんともったいないことをすると思ったものだ。

そんな未確認生物（？）を、ユダヤ人ダニエルが気軽に殺すことができたのは、動物を神だと思って崇めるのはくだらないとみなしていたからである。ユダヤ教、そしてそこから派生して生まれたキリスト教においては、神はただひとりしかおらず、しかも人間とおなじ姿をしている。というより、人間が神の似姿なのだ。この問題については、あとでふたたびとりあげることにしよう。

ちなみにこの所業を働いたせいで、ダニエルはカンカンになったバビロニア人によって「獅子の穴」に放りこまれることになる（図3）。ライオンには人間と羊が与えられ

図3：ダニエルとライオンたち。ブリトン・リヴィエール（1840-1920）の作品より

ていたというから、これも動物を飼う施設の一種といえる。しかしダニエルは、自分の神に守られて、ここから無事生還する（新共同訳　2000）。

もちろんこれらのエピソードは、あくまでもユダヤ教の聖典に書かれたものである。つまり動物コレクションの実態を描くよりも、ユダヤの神の絶対性を伝えることが本来の目的であったことは注意しておきたい。

パルテノン神殿の巨大ヘビ

ヨーロッパ、とくに古代ギリシア・ローマにも、動物コレクションは存在した。ただギリシアの都市国家は、大きな動物コレクションをもつほどの富も力ももっていなかった。野生動物たちは、神殿や裕福な個人の所有だったり、祭日のパレードに参加したり、興行師の見世物になったりした。

たとえば前5世紀ごろ、エーゲ海のサモス島にあるヘラ神殿では、インド産のクジャクが飼育・繁殖されており、新月の日（女神ヘラの祭日）には一般人に有料公開された。卵を買うこともできたという。アイトリアのメレアグロス神殿でも、アフリカ産のホロホロチョウが飼育されており、その後ギリシア全土で飼われるようになった。ライオンも、いくつかの神殿で飼われていた可能性がある。

ヘロドトスによれば、女神アテナをまつるパルテノン神殿には、巨大なヘビがいると信じられていて、蜜入り菓子がささげられていた。だがペルシア王クセルクセス1世（在位前486〜465）の侵略によって、アテネ市民が町から避難することになったとき、菓子は手つかずのまま残っていた。これをみた人びとは、女神もここから去ったのだと解釈したという。

このほかに、アフリカ産のバーバリー・マカク（オナガザル科）がペットとして飼育されたり、クマのダンスが見世物になったりもしていた。狩猟の女神アルテミスの祝祭では、野生動物も参加してパレードがおこなわれた。オリに入れられたもの、あるいは訓練されてつきしたがうもの、神官の馬車を引っぱるものなどさまざまだった。旅行家パウサニアス（２世紀）によれば、パトラではパレードのあと食用の鳥、イノシシ、オオカミやクマの子などが火のなかに投げいれられた。ただこの残酷なクライマックスは、後述するローマ文化の影響を受けた可能性がある。

ギリシア人が本格的な動物コレクションをもつようになったのは、アレクサンドロス大王（前３５６～３２３）に率いられて東方へ遠征をくりひろげてからのことであった。大王は、哲学者アリストテレス（前３８４～３２２）のもとに珍しい動物を送りとどけていた。そのアリストテレスは、観察や解剖をとおして５２０以上におよぶ種類の生きものを研究し、『動物誌』という書物にまとめた。そのくわしい記述はいまも感銘を与えるにじゅうぶんだが、これは中世以降、ヨーロッパで自然科学が発達するのに大いに貢献することになる。

アレクサンドロスの死後、彼の帝国は複数の国に分裂したが、そのひとつ、プトレマイオス朝エジプト（前３０４～30）のアレクサンドリアにあった動物コレクションはかなりの規模であった。

とくにプトレマイオス２世（前３０８～２４６）のもとでおこなわれたディオニュソ

ス祭の行列が有名だ。ゾウ4頭ずつに引かせた戦車24台をはじめ、オリックス14頭、ダチョウ16羽、インド産の猟犬2400匹、ヒョウ14頭、キリン、サイ各1頭、ライオン24頭、そのほか多数の動物たちが参加したという。またプトレマイオス2世は、チンパンジーや13メートルを超える大蛇も飼育していたという（Jennison 2005, Kisling 2001）。

動物スペクタクルが大好きだったローマ人

ローマ人もまた、野生動物を大量に飼育・消費したことで知られる。彼らはイタリア半島から勢力を広げてギリシア、エジプト、メソポタミアも呑みこみ、地中海を中心とする大帝国をつくるにいたった。そして各地からかき集めてきた動物を、大好きな円形闘技場でのイベントに使ったのである。すなわち、動物同士を闘わせたり、ウェナートーレスとよばれる剣士と動物を闘わせたりした。これについては、少しくわしく紹介しておこう。

円形闘技場で動物ショーがはじまったのは、前3世紀ごろのこととされる。はっきりした情報があらわれるのは、前2世紀に政治家マルクス・フルウィウス・ノビリオルがもよおした「動物狩り《ウェナーティオー》」からで、ローマが共和政から帝政（皇帝による統治）に変化し

図４：ヴィッラ・ロマーナ・デル・カサーレ（シチリア）にある、異国の動物の輸送を描いたモザイク画（アンドレア・シャファー撮影）

ていくプロセスにおいて、展示される生きものの数は数百〜数千とエスカレートしていった。動物の種類も、ライオン、ヒョウ、トラ、ゾウ、ハイエナ、サイ、カバ、サル、ワニ、ガゼル、ウシ、ダチョウとじつに多岐にわたる。この手のショーは、紀元後６世紀までは持続したとみられる。

考古学者マイケル・マッキノンによると、ローマ軍兵士、プロのハンター、動物商、そしておそらくは各地の原住民が動物収集にかかわった。捕まった生きものたちは、小さなオリに入れられるなり歩かされるなりして、港まで向かう。最速の船なら、たとえば北アフリカからローマの港オスティアまで２日だった。ただ天候に左右されやすい当時のことであるし、難破の危険もあった。ストレスや病気で死ぬものも多かったはずだから、いずれにしてもスピード勝負だったことはまちがいない（図4）。オスティアから、動物たちはさらにテベレ川を首都まで船でさかのぼるか、陸路をゆくことになる。到着後は、円形闘技場の地下にある部屋、ないしウィワーリウムとよばれた長期飼育用の施設に入れられた。

動物の脱走はしばしばおこるから、中心街で飼うのは望ましくない。ウィワーリウムのひとつは、プラエネスティーナ門（いまのマッジョーレ門）に隣接した区画にもうけられていたが、壁にとり囲まれた長方形の不毛な空間にすぎなかった。

ローマ支配下の北アフリカでは、都市の拡大と野生動物の捕獲があわさった結果、環境破壊がすでに生じていたといわれる。紀元後2世紀の後半になると、ローマ人はしだいに貴重になってきた動物を殺さず、芸をさせるだけで満足した。またクマ、ウシ、イノシシ、シカといったありふれた生きものを使用する例が増えたという。

奇妙なことに、ローマの円形闘技場周辺からは、ショーに使われたとおぼしき動物の骨があまりみつかっていない。わずかに、そこから50メートル離れたところから、5～7世紀のヒョウ、クマ、ダチョウなどの残骸がみつかっただけである。残りの動物たちはどこに消えたのだろう？

マッキノンは、殺された動物の断片は、一般人に配布されるなり、裕福な人びとに売買・譲渡されるなりして、人びとのおなかにおさまったのだろうと考えている。それは、肉に飢えた貧しい人びとに、皇帝への感謝の念をよびおこしただろうし、美食家ぞろいで有名な富裕層も珍味を楽しむことができた。しかもそうすることで、自然にたいする「ローマ世界の勝利」を文字どおり味わうことになったのである（Jennison 2005, Mackinnon 2006）。

中世ヨーロッパ人と動物コレクション

ローマ帝国はその後、外敵との戦いや政治の不安定化によって395年に東西に分裂し、西ローマ帝国のほうはそれから100年もしないうちにゲルマン人によって滅ぼされてしまう。しかし動物コレクションの伝統は途絶えなかった。たとえばゲルマン諸部族を統一して広大なキリスト教帝国を築いたカール大帝（747ごろ〜814）は、いくつかの地所でゾウ、ライオン、クマ、ラクダ、サル、タカなどを飼っていた。ちなみにゾウは、バグダッドのカリフ、ハールーン＝アッラシードから贈られてきたものだった（Kisling 2001）。

こうした動物コレクションは、富や権力の誇示と結びついていたという点で、それ以前のものとさほど性格がかわらない。ただ、新たな宗教としてヨーロッパに根づいたキリスト教が、そのバックボーンとなっていったことは指摘しておくべきだろう。

キリスト教は、ユダヤ教を母体として成立し、392年にローマ帝国国教となったのち、ヨーロッパ全域に拡大していった。たったひとりの神を信ずる「一神教」であり、オリジナルの聖典（新約聖書）とユダヤ教の聖典（旧約聖書）を柱とする。つまり、ユダヤ教の教えを一部継承しているわけだ。

ここで問題になるのが、ユダヤ・キリスト教の動物観である。『旧約聖書』の「創世記」によれば、神はこの世のすべて、生きもののすべてをつくった。植物、水生生物、鳥類、陸生生物そして人間という順番である。このとき神は、人間をみずからの似姿としてつくり、こう述べた。「産めよ、増えよ、地に満ちて地を従わせよ。海の魚、空の鳥、地の上を這う生き物をすべて支配せよ」（新共同訳）。

つまりユダヤ・キリスト教において、ひとは神とおなじ姿をしており、神にかわってすべての生きものをしたがえてもよいとされているのだ。もちろん、人間以外の生物をコントロールするという発想は他の文明にもあったが、中世以降のヨーロッパ人、とくにそのトップにある君主たちは、宗教的なお墨《すみ》つきを得て、動物収集と飼育に邁進《まいしん》することになる。

もうひとつ、動物園の歴史に少なからぬ影響をおよぼしたのが、やはり『旧約聖書』に出てくる「ノアの箱舟」のエピソードだ。

あるとき神は、堕落した人類に心を痛めて、信心深いノアとその一家を除いて、大洪水で滅ぼすことにした。このとき神はノアに箱舟をつくるように命じ、自分の家族にくわえ、陸にすむあらゆる生きものをつがいで舟に乗せるよう指示した。

こうしてノア一家と生きものたちは大災厄を生きのこるが、あらゆる種をまとめて飼い、絶滅の危機から救ったとされる「ノアの箱舟」は、現代の動物園の理想像としてしばしば語られる。日本動物園水族館協会の公式ホームページにも、「生息地の外でも生きて行ける場を与える、現代の箱舟の役割も果たしているのです」という一文がある。ここではからずも露呈しているのは、動物園はあくまでも西洋的・キリスト教的な動物観の産物である、ということだ。

さて、カール大帝以後も、ヨーロッパ諸国の皇帝、王、貴族たちは動物コレクションを所有していた。ここでは、そのひとつひとつを列挙するかわりに、とくに興味深いエピソードを紹介するにとどめておこう。

まず、ドイツからイタリアにかけて広大な領土をもっていた神聖ローマ帝国の皇帝フリードリヒ2世（1194～1250）の例をあげよう。彼はイスラム文化にも並々ならぬ関心を示した教養人だったが、パレルモ（シチリア島）において、インド、エジプト、スペイン、コンスタンティノープル（東ローマ帝国の首都）から入手した生きものを飼っていた。

フリードリヒはまた、領土のあちこちを移動するときも動物たちを引きつれていた。たとえば1231年にラヴェンナにやってきたとき、ゾウ、ライオン、ヒョウ、ラクダなどがいっしょだった。5年後にクレモナを訪問したさいは、ゾウのうえに旗をなびかせた四角い塔が置かれ、サラセン人（イスラム教徒）の戦士が乗っていたという。

また彼が1235年にアルプスをこえてドイツに入ったときも、ラクダ、サル、ヒョウ、サラセン人の護衛兵をしたがえていた。ラクダはこのとき、皇帝一行の荷物をかついでいたようである。その異様な光景は、フリードリヒのイスラム世界との外交的・経済的・学術的なつながりをドイツ人に印象づけたことだろう（Baratay 2000, Kisling 2001,

Refling 2005)。

ロンドン塔のクマの幽霊

イギリスのヘンリー3世（1207～72）は、そのフリードリヒ2世から「ヒョウ」（おそらくはライオン）3頭を贈られている。ヘンリーはまたフランスのルイ9世から英国初となるゾウを受けとり、彼らをロンドン塔で飼育することにした。ジョン王（1167～1216）のころから、ここでは動物飼育がおこなわれていたのだ。このゾウは絵になって残っているが（図5）、飼われているあいだに牙で壁に穴をあけ、これに牙をつっこんだまま寝る習慣があったという。

はじめのころ、ロンドン塔のどこで動物たちが飼われたのかは不明だが、少なくとも16世紀までには、「ライオン・タワー」とよばれる半円形の塔が飼育舎となっていた。ここは「タワー・メナジェリー」（メナジェリーとは、後述するように動物コレクションにあてがわれるようになった呼称）として1832年まで運営され、閉鎖後はライオン・タワーも撤去されたが、1930年代におこなわれた堀の発掘で、ライオン2頭、ヒョウ1頭、イヌ19頭の頭骨がみつかっている。うちライオン1頭の頭蓋骨は保存状態がよく、

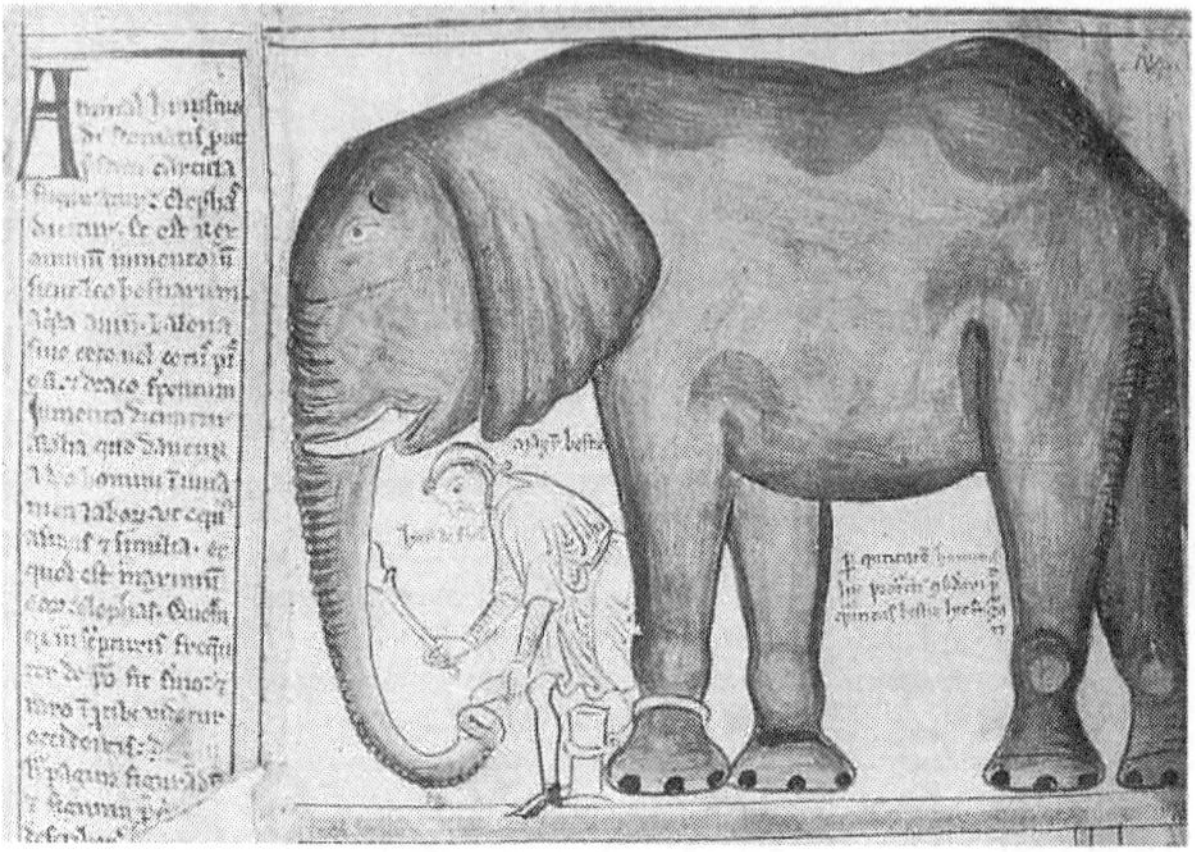

図5：ロンドン塔で飼われていたゾウ

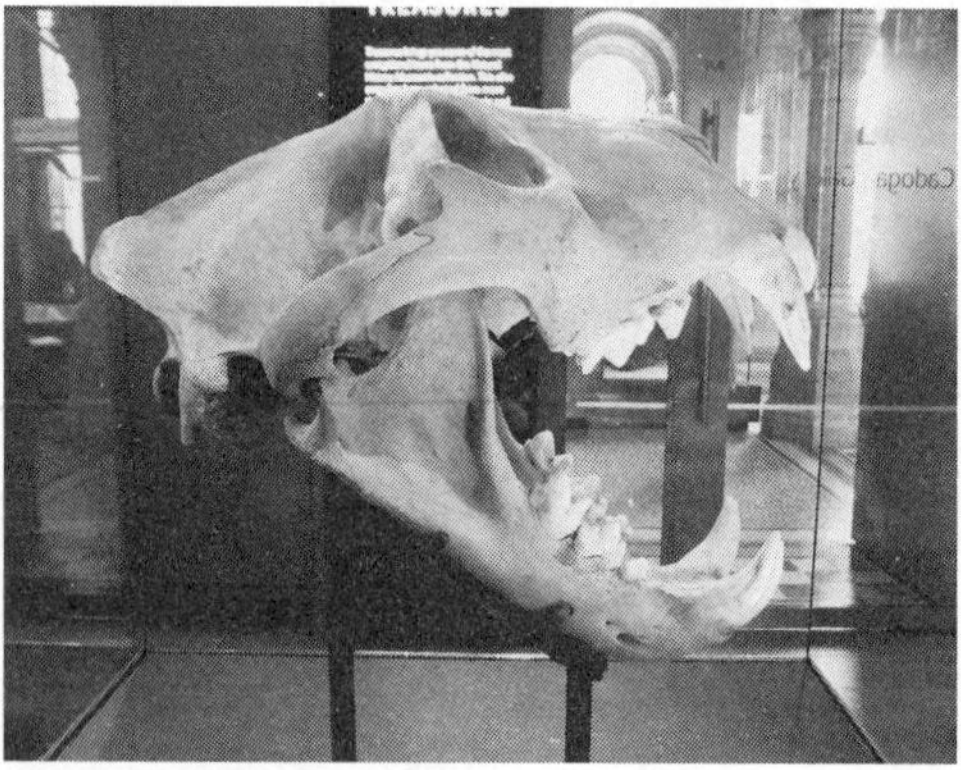

図6：ロンドン塔にいたライオンの頭骨（ロンドン自然史博物館所蔵）

死後肉のついたまま現場に埋められたと考えられている（図６）。

ライオンたちには王の名前がつけられるのがならわしとなったが、そのわりには雑なあつかいだった。ライオンたちはそれぞれ２×３メートル、つまり６平方メートルしかないオリで飼育されていた。17世紀までには上階がつくられて広さが倍（！）になり、屋外の運動エリアも追加されたものの、これで全部だった。彼らが死ぬと、王の名がついていたために、不吉な事件とみなされた。が、死骸は堀に投げいれられて処分された。

タワー・メナジェリーは、入場料を払えば見学可能であった。ライオンたちは鉄柵ごしにみることができたが、１７９９年のガイドブックによれば、それはちょうど「監獄の窓の前にいるような」感じだったという。

ロンドン塔といえば、王を含むさまざまな要人が暗殺されたり処刑されたりした場所であり、幽霊が出るので有名だが、とうぜんながら動物のお化けも出る。19世紀には、ひとりの歩哨がクマの幽霊とおぼしきものに槍をつきたてて、あげくは心不全で死ぬという事件があった。

この施設はほかにもトラ、ジャガー、リヤマ、エミュー、ニシキヘビ、アリゲーター（ワニ）などさまざまな生きものを追加しながら約６００年も存続したが、１８３１年に生きものの大半をロンドン動物園に移したあと、35年に閉鎖された。このように、動物コレクションがそのまま動物園の母体になるケースがしばしばあった（Hahn 2003, Keeling 2001, O'Regan 2006）。

タワー・メナジェリーではまた、しばしば動物同士を戦わせるショーが実演されていた。発掘されたイヌの頭骨もこれにかかわるものらしい。ローマの円形闘技場をほうふつとさせるが、じっさいイタリアのフィレンツェでは、13世紀末にローマ時代の飼育舎を建てかえ、ライオンを飼ってしばしば他の動物と闘わせたという。

この種の「アニマル・コンバット」は、中世から近世にかけてひんぱんにおこなわれた。後述するマヌエル1世（ポルトガル王、1469〜1521）は、新たに輸入したゾウとサイを闘わせる実験をした。ただしゾウが逃げだしてしまい、催しは成功とはいいがたかった。16世紀にフランスで在位したフランソワ1世、シャルル9世そしてアンリ3世も動物同士を闘わせて楽しんだとされる。

「アニマル・コンバット」でとくに好まれたのは、野生動物をオウシや猟犬といった家畜と闘わせることだった。こうした娯楽が人気を博したのは、ともすれば残虐にふるまいがちだった近世ヨーロッパ人の嗜好にマッチしていたからだとの指摘もある。ドイツの人口の3分の1が死んだという三十年戦争や、魔女狩りの拷問を思い浮かべればじゅうぶんだろう（Baratay 2000, Kisling 2001, Sahlins 2012）。

つぎにとりあげるフランス王ルイ14世（1638〜1715）の2種類の動物飼育施設は、ちょうどこの荒々しい「アニマル・コンバット」の時代から、新しい飼育法へと移行したころのものである。

新しい飼育デザインはフランスから

中世から近世へと移行するなかで、収集される動物はいっそうバラエティに富むようになった。それはヨーロッパ諸国の海外進出が本格化したためである。

15世紀から16世紀初頭にかけては、ジェノヴァやヴェネチアといったイタリアの沿岸都市が動物取引を担っていた。すぐ近くのアフリカや中東にアクセスできたからだ。しかし、ポルトガル、スペイン、イギリス、オランダ、フランスが大西洋経由でアジアやアメリカと接触し、さらに植民地をつくるようになると、リスボン、アントワープ、アムステルダム、ロンドン、ロリアンなどの港町に珍しい生きものが上陸するようになった。

ポルトガル王マヌエル1世が教皇レオ10世（1475～1521）に贈ったインドゾウ「ハンノ」のエピソードは、この新しい流れを象徴するものといえる。ハンノはポルトガルのインド総督によってリスボンまで送られ、さらにそこから70人の高官につきそわれてレオ10世のもとへ旅した。1514年のことである。ハンノにはインド人のゾウ使いもついていて、おじぎをしたり踊ったりして人びとを大いに喜ばせた。ちなみにこれは、教皇とポルトガル王に、インドが屈従したことも意味していた。

こうした野生動物の輸送は、信じられないぐらい手間もコストもかかった。美術史学者エリック・バラテらによると、インドからヨーロッパまでの船旅は積みこみや動物の都合も勘案すると6～15カ月かかったので、それに必要なエサも膨大だった。たとえばトラ2頭のために300～400頭のヒツジ（＋追加のエサ）を用意しなければならなかった。運よく到着できたら、今度は君主たちの城へ運ぶためのオリ、馬車、エサ、人手を用意しなければならない。おまけに正しい飼育法もわからないから、死亡率が高かった（全滅もありえた）。当時の動物コレクションがいかにぜいたくであったかは、そのことを前提にして考えなければならない（Baratay 2000, Meier 2008）。

さて、そうした近世の動物コレクションを代表するものに、フランス王ルイ14世の

「メナジェリー」がある。メナジェリーは、動物コレクション全般を指す名称である。もともとは「家事」（家政）をあらわすフランス語メナージュ（ménage）に由来し、屋敷とその維持にかかわるもの（家畜を飼うことも含む）を広く指す言葉だった。それが17世紀に、野生動物のコレクションにも使われるようになったのだ。

ルイ14世は1661年、宰相ジュール・マザランが死ぬと、みずからが政治をおこなうと宣言した。そしてそのたった1年後、ヴェルサイユ宮殿の庭園に新しいメナジェリーをつくることを決定している。彼にとって、このメナジェリーはそれほど思い入れのある建物であり、また絶対的な王がすべてを握る社会そのものを表象するはずだった。

じつはルイは、それ以前からもうひとつのメナジェリーをヴァンサンヌ城にもっていた。同園はもともとルイの食卓に動物の肉を供給するための設備で、本来の意味での「メナジェリー」にすぎなかった。

それが1658年に、建築家ルイ・ル・ヴォーによって別の機能をもった施設につくりかえられる。例の「アニマル・コンバット」をするための場にしようというのだが、細長い広場に、屋根つきの小屋がならべられ、そこにライオン、トラ、ヒョウ、オオカミといった「野蛮な獣」、イヌ、猛禽が飼育された。またこのスペクタクルを楽しむためのアリーナももうけられていた。

すでに述べたように、「アニマル・コンバット」は中世から近世にかけて人気を博していた。しかし、そこで演じられる血まみれの闘争は、じつはルイが理想とする王国のイメージにはそぐわなかった。これはルイ自身が、幼いころに「フロンドの乱」という、貴族や民衆の反乱に直面したことと関係がある。彼は、なんとかして貴族たちを従順にし、「血まみれの闘争」に終止符をうつことを望んでいた。

だからルイは、親政を宣言したあと、ヴェルサイユの新宮殿の庭に、まったく新しいタイプのメナジェリーをつくろうとしたのだ。そこでは、王の管理のもと、すべての生きものは「獣性」を奪われ、優雅かつ平和に暮らすことになるだろう。それは結局、ルイが貴族たちに強いた新しい宮廷生活にほかならなかった（いっぽうでヴァンサンヌのメナジェリーは18世紀初頭に閉鎖され、そこにいた動物たちもヴェルサイユに合流した）。

ふたたびル・ヴォーのもと、宮殿や他の庭園設備に先がけて、メナジェリーの建設がはじまった。プロジェクトがはじまったのが1662年、動物が搬入されたのが65年で、仕上げ作業は69年まで続いた。メナジェリーは、庭園を上空からみるとトリアノン（離宮）とちょうど対称をなす約2万平方メートルの土地につくられた。2階建ての八角形

図7：ヴェルサイユ宮殿のメナジェリー

のパビリオンを、7つの飼育場がとりかこむデザインだった。パビリオンにはバルコニーがあり、そこからすべての生きものを眺めることができた（図7）。

パビリオンの2階には、60枚の動物絵画が飾られ、1階にはグロッタ（洞窟）がもうけられていた。パビリオンをぐるりととりまく中庭には、噴水を装備した6本の柱がサークル状に立てられていて、望めばいつでもそれぞれが交差する「水の林」を再現できた。

ここで飼育されていた生きものは、王への贈りものか、植民地総督や宣教師、動物商から手に入れたものであった。ここにはふたたび、富と権力の象徴という、従来どおりの動物コレクションの性格があらわれている。またバラテたちがいうように、王がさっとみるだけで各種動物を視野におさめることのできるこのデザインは、彼がこの世のすべてを支配していることをあらわしている。ついでにいえば、ヴェルサイユの庭園にある樹木や水も、かわいそうなくらいまっすぐに刈りこまれたり、金属のパイプをくぐらせられたりして、すべて彼に「服従」させられていた。「ルイ14世はみずからを新しい造物主《デミウルゴス》、ほとんど神であると主張したのだ」。

しかし史学者ピーター・サーリンズは、飼育動物の種類をじっくりみると、このメナジェリーの別の側面が浮かびあがってくるという。

ルイ14世の治世において、ヴェルサイユのメナジェリーで飼われた生きものには、たしかにクマ、ゾウ、ライオン、ラクダ、マカクといったおなじみのメンバーがいた。しかし飼育動物の大半を占めていたのは、じつは鳥だった。コウノトリ、ハクチョウ、サギ、ウ、フラミンゴ、アネハヅル、ホロホロチョウ、ガン、ダチョウ、ヒクイドリ、オウムなどである。

しかも、メナジェリーで飼育されていた生きものを、異国産か土着か、おとなしいか危険かで4つのカテゴリーにわけたところ、もっとも多いのは「異国産で、おとなしい」カテゴリーに入る生きものだった。これに含まれるのはアフリカやアジアの鳥類で、とくにカラフルだったり、模様が独特だったりするものが好まれた。小型哺乳類もこのカテゴリーに入る。つぎに大きな割合を占めたのは、「土着で、おとなしい」生きものたちで、主に食用として飼われていたニワトリ、ヤマウズラ、ウシ、ヒツジなどがこれにあたる。

3番目にくるカテゴリーは、「異国産で、危険な」動物であり、ライオンやトラがここに分類されるが（ゾウはおとなしいが危険でもある）、のちの時代ほど重要な地位を占めていなかった。もっとも少ない割合だったのは「土着で、危険な」動物で、クマ、イノシシ、キツネ、タカ、ワシ、フクロウ、ハヤブサであった。重要なのは、こうした「危険動物」が「アニマル・コンバット」には使用されなかった点である。

つまりヴェルサイユでもっとも尊重されたのは、装飾的でおとなしい鳥たちであり、危険な生きものも、闘争とは無縁の生活を送っていたのだ。荒々しいヴァンサンヌのメナジェリーから、平和的なヴェルサイユのメナジェリーへの移行は、この時代におこったとされる「文明化の過程」に沿うものだったとサーリンズは主張する。

「文明化の過程」とは、ヨーロッパのエリート層が、礼儀正しさやマナーを通じて暴力性（野獣性）をコントロールするようになっていったことを指す。ルイ14世は、貴族た

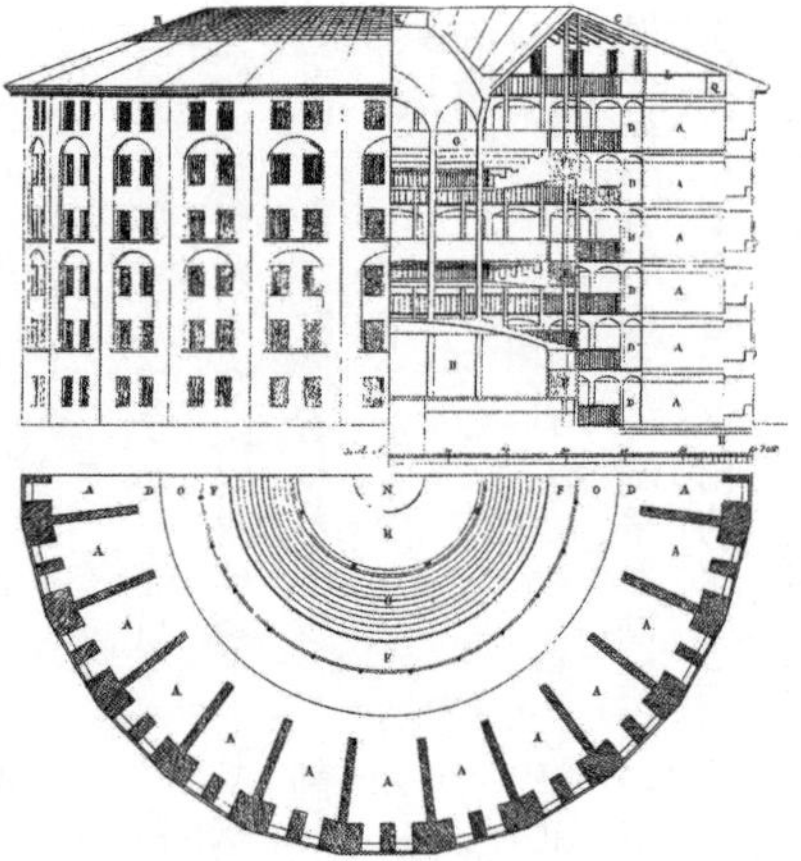

図８：ベンサムの考案した「パノプティコン」

ちに礼儀やマナーを守らせることで、彼を頂点とするヒエラルキー（ピラミッド型の階層秩序）を築いたので有名である。オリや囲い地に入れるなり、羽を切るなりして「飼いならされた」動物、とくに鳥たちの優雅なものごしは、「飼いならされた」貴族のふるまいに対応するものである。その意味でメナジェリーはヴェルサイユ宮殿または宮廷社会の縮図であった。その中心にあって、すべてを監視するのは王である（Baratay 2004, Sahlins 2012）。

ちなみにヴェルサイユのメナジェリーは、哲学者ジェレミー・ベンサム（１７４８〜１８３２）がのちに考案した「パノプティコン」という監獄のデザインによく似ていることが指摘されている。この施設でも、中央に監視塔があり、これをとりまくかたちで独房がもうけられている。独房の外側の窓からはじゅうぶんな光がとりこまれているので、囚人が何をしようと丸見えであり、しかも各独房は壁で隔てられているので、囚人同士はやりとりできない（図8）。

はたしてベンサムがメナジェリーを参考にしたかどうかはわかっていない。しかし効果的な管理のためには、相手を壁（境界）で「分割」し、監視者の一方的な「まなざし」のもとに置くのがいちばんという結論に達した点で、メナジェリーと監獄という、2種類の収容施設には通ずるものがあるだろう。

野生動物であれ、反抗的な貴族であれ囚人であれ、荒ぶる生きものたちは、きれいにならべられた人工物のなかに閉じこめられみはられ、そうして秩序が成立する。動物園に収容された動物——その背後には、異質なもの、支配すべきものとしてあつかわれる人間の影が、常にちらついている。

ところで、ヴェルサイユのメナジェリーは、もはや残存していないが、もしこれに類する建物をみたいと思ったら、ウィーンのシェーンブルン宮殿のそばにあるシェーンブルン動物園がおすすめだ。ここには、1752年にヴェルサイユのものをまねてつくら

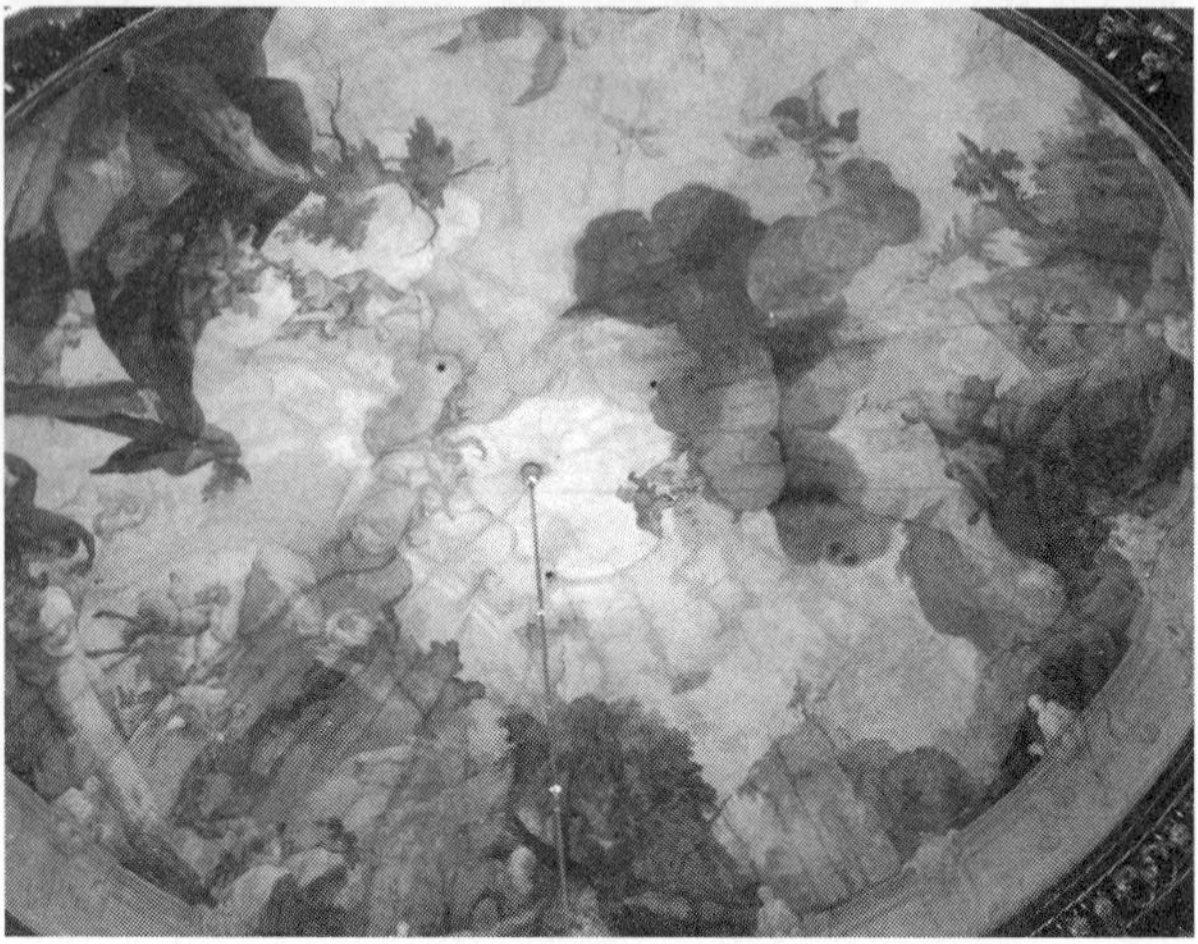

図9・10：シェーンブルン動物園のパビリオンとその天井画

れたメナジェリーが残っているからだ。

このメナジェリーをつくったのは、オーストリアの「女帝」マリア・テレジアの夫で、自然にも興味をもっていたフランツ1世（1708～65）である。八角形のパビリオンを中心に、13の飼育エリアが扇形に広がるデザインで、なかは飼育されていた動物の絵や、ギリシア・ローマ神話をモチーフにした天井画で飾られている（図9・10）。パビリオンは、いまではカフェとなっているから、ここから飼育されている動物をみて楽しむことができる（Paust 2001, フーコー 1977）。

外来動物に親しんだ庶民たち

ここまで、中世～近世ヨーロッパにおける上層階級の動物飼育をみてきたが、一般の人びともまた、さまざまなかたちで珍しい動物に接する機会があり、19世紀に近づくにつれその頻度も増えていった。まず中世には、先述したように権力者が動物を連れてまわり、市民にみせることがあった。また都市が紋章にしているワシやライオンを飼うこともあったし、サル、クマ、イヌ、ヘビなどを連れた放浪芸人たちが都市の大市《いち》にあらわれて、金をとって動物芸を披露していた。動物たちに擬人化したふるまいをさせるとウケたという。

さらにイギリスやオランダ、フランスの港町に珍しい動物が上陸するようになると、一般人が彼らにアクセスする機会も増えた。ゾウやサイのような希少動物が、オランダやイギリスの民間人の手で展示されるようになったのは17世紀である。イギリスでは、1697年に「タワー・メナジェリーしか野生動物を展示してはならぬ」という布告が出ているが、何の効果もなかった。

また資本にものをいわせて野生動物を収集し、ドイツ、イタリア、スイスなどヨーロッパ諸国をまわる「巡回メナジェリー」や、定住型の「民営メナジェリー」を営む者もあらわれた。その出身は俳優だったり商人だったりとさまざまで、女性が率いている場合もあった。

ナポレオン戦争が終結したころから、巡回メナジェリーは世界の海を制覇したイギリスをとおして、何百という野生動物を仕入れることができた。ゾウ、サイ、カバ、キリン、オランウータン、ゴリラ、チンパンジーなど、このころ生まれたばかりの動物園には手がとどかないような種を飼う者すら登場している。

いっぽう定住型の「民営メナジェリー」は、ロンドン・ストランド街のビル「エクセター・チェンジ」にあったものがとくに有名で、タワー・メナジェリーとならぶ人気スポットだった。１８００年代初頭から28年の閉館にいたるまで、ギルバート・ピドコック、Ｓ・ポリート、エドワード・クロスと運営者がかわり、正式名称も「ロイアル・メナジェリー」から「ロイアル・グランド・ナショナル・メナジェリー」へとアップグレード（?）していった。

エクセター・チェンジのメナジェリーは屋内型の展示施設で、３室全部をまわるには2シリング、1室だけなら1シリング払うことになっていた（図11）。ライオンの子どもを抱いたり、エサを食べる様子も見学できた。図12をみてもわかるように、きわめて狭いオリのなかに動物たちが入っていた。暖かい時期に生じる悪臭はすさまじいものだったという。

ここには「チェニー」という人なつこいゾウがいて、人びとに愛されていたが、飼育員を襲ったり、壁にぶつかったりとしだいに制御不能になった。とうとう、オリの破壊と脱走騒ぎが現実味を帯びてくると、運営者のクロスはゾウを殺すことにした。

はじめは毒殺を試みたのだが、チェニーはそれがわかるのか、毒入りの食べものを受けつけない。そこで、民間人による銃撃で殺そうとしたものの、これでも不十分だとわ

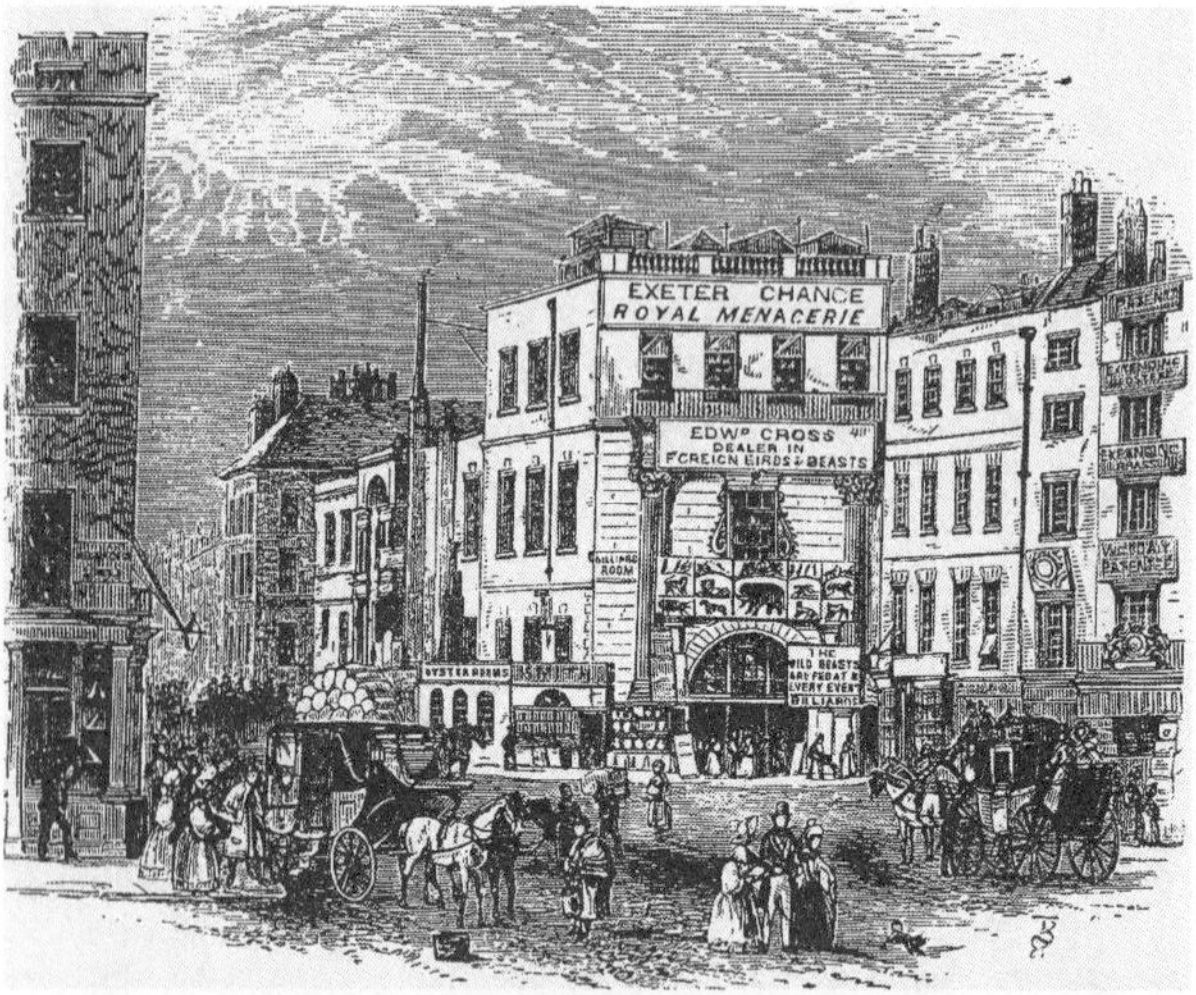

図11・12：エクセター・チェンジのメナジェリーとその内部の様子

かると兵士がよばれ、１００発以上の銃弾が撃ちこまれてとうとう息絶えた。この不幸な事件は、当時の人びとに大変なショックを与えたといわれるが、クロスは悲しみにくれつつも、チェニーの骨格をさらに見世物にして儲けたのだった。チェニーの骨格はその後、ドイツ軍の爆撃で破壊されるまで、王立外科医学校ハンター博物館に保管されていた（Kisling 2001, Rieke-Müller 1999, オールティック １９９０）。

このように、巡回・民営メナジェリーのおかげで、王侯貴族でなくとも外来の生きものたちをみる機会が増えたわけだが、これらの営みは、王たちの趣味が大衆化したものということもできる。かつて上層階級の人びとは、珍しい生きものとその標本を、メナジェリーや、特別にしつらえた部屋（「驚異の部屋《ヴンダーカンマー》」とよばれた）に展示してその力をアピールしていた。これが市民たちに模倣されるようになったのだ。市民たちが海外の生きものを所有していくプロセスは、彼らを主体とした新しい社会の到来を告げるものでもあった。

しだいに高まっていった動物にたいする知的好奇心

ヨーロッパにおいて動物コレクション（メナジェリー）が発展した中世〜近世はまた、

人びとの動物全般にたいする知的関心が高まった時期にもあたる。古代ギリシアの哲学者アリストテレスが、観察や解剖にもとづいて『動物誌』を書いたことはすでに紹介した。この著作は、神話・伝説のたぐいをうのみにせず、自分で確認したことをメインに書いているという点で画期的だった。しかし中世になると、ギリシアの学問はかえりみられなくなり、むしろ動物にまつわる荒唐無稽な話が幅をきかせるようになる。

これに転機がおとずれたのは12〜13世紀である。イスラム圏に保管されていたアリストテレスらの名著が、ふたたびヨーロッパで知られるようになったのだ。このころ、たとえば聖職者にして学者のアルベルトゥス・マグヌス（1200ごろ〜80）は、アリストテレスにならって動物を観察し、その成果を著作にまとめている。彼は、先述したフリードリヒ2世の動物コレクションの飼育員とも接触できたのではないかといわれるが、そのフリードリヒも『鷹狩りの書』を著すなど、学術的な素養があった。

動物にたいする知的関心がいっそう高まったのは、東ローマ帝国が滅亡し、そこに保存されていたギリシア語文献がラテン語に直訳されはじめた15世紀である（それまでは、ギリシア語→アラビア語→ラテン語というふうに重訳されて、伝言ゲームみたいに内容にゆがみが生じていた）。活版印刷術が発明されて、図版入りの研究書が広く出まわるようにな

図13：ゲスナーの『動物誌』（1551）の挿絵

ったことや、大航海時代の到来で珍しい生きものがつぎつぎ上陸するようになったことも、この流れを加速した（Dinzelbacher 2000, Scanlan 1987, 西村 1999）。

やがてチューリヒの医師コンラート・ゲスナー（1516〜65）が、1551年から58年にかけて、『動物誌』4巻を出版する。そこでは陸生動物や水生動物の生態にかんして、図入りで詳細に述べられていた（図13）。彼はペストの治療にあたっていて命を落とすが、死後、ヘビの仲間をあつかった第5巻が出ている。また、図を抜粋した大衆版も登場し、人気を博した。

その後、17〜18世紀にかけて博物学（動植物を含む、天然物全体を研究する分野）はますます発展する。たとえばスウェーデンのカール・フォン・リンネ

（1707〜78）は動植物や鉱物を綱、目、属、種のカテゴリーにわける方法や、学名、すなわち属名・種小名からなる世界共通の名称をつける方法をあみだした。たとえばいまの図鑑で、アジアゾウを調べると、それが属するカテゴリー（哺乳綱長鼻目ゾウ科）と学名（*Elephas maximus*）が載っているが、そのきっかけをつくったのは彼である。リンネ登場以前は、学者たちはてんで勝手に生きものを命名していたので、どれがどの種類なのかわかりにくかった。それに、すべての天然物に共通名を与え、カテゴリーごとにわけること（境界線を引くこと）は、カオスのようにみえていた自然界に秩序を与え、理解できるようにするうえでたいへん便利だった。

いっぽう、彼のライバルであったフランスのジョルジュ＝ルイ・ルクレール・ド・ビュフォン（1707〜88）は、動物の姿や生態をまずしっかり観察し、そこから全体像を描きだすことをとなえている。どちらにしても、動物学の発展には欠かせないアプローチである（西村 1999）。

こうして近世には、生きものの研究が盛んになったわけだが、当時、博物学者がてっとり早く入手できたのは図版か、体の一部ないし全体を標本にしたものだった。しかしこれらはいずれも、もとの動物の姿を知るには不十分だった。たとえば図版は、費用をかけないために古いものが使いまわしされる傾向があったし、標本も死んだ生きものを加工するプロセスでゆがんだり、腐ったりした。何より生きていなければ、動物を正しく理解することはおぼつかない。

そのようなわけで、科学者たちは市場や巡回メナジェリーのところへ出むいたり、リンネやビュフォンのように、ささやかだが独自のメナジェリーを所有したりした。だがいちばん役だつのは、やはり王侯たちのメナジェリーであった。医師クロード・ペローとその仲間たちは、ヴァンサンヌやヴェルサイユで飼育されている動物を調査し、1669～76年にその成果を発表している。

とはいうものの、王侯たちのメナジェリーは、研究目的でつくられた施設ではない。ルイ14世がメナジェリーの利用を科学者に許したのは、アレクサンドロス大王がアリストテレスに動物を研究させた故事にならうことで、みずからを大王に匹敵する存在だとみせようとしたからである。

そこで科学者たちは、なんとかメナジェリーを管理する立場になろうと運動した。ヘット・ロー（オランダ）やマドリッド（スペイン）にあったメナジェリーではじっさい成功したが、ヴェルサイユやシェーンブルンではかなわないままだった（Baratay 2000)。

科学者たちが思う存分に研究することのできる動物飼育施設。その構想が、しだいにかたちをなしつつあった。それが、動物園の誕生へとつながっていくのである。

第2章
動物園の成立と、そのユニークな文化

ジャルダン・デ・プラント——世界初の動物園

第1章でみたように、動物を飼育し、観賞する文化は古くからあった。そして18世紀の終わりごろ、ついに本格的な「動物園《ズーロジカル・ガーデン》」が誕生する。

動物園史家ヴァーノン・N・キスリング・ジュニアの定義によれば、動物園とは、研究や一般人への教育、保全を目的に野生動物を飼うところである。たしかにそのとおりだが、これからみていくように、動物園をめぐる文化はその枠内におさまるわけではない。動物園は、近世のメナジェリー——王侯貴族のものも、民衆のものも含まれる——

の性質を受けついでいた。たとえば、動物園は珍種をかき集めることで、祖国の軍事的・外交的・経済的な力をみせびらかすところとして機能したし、動物芸などの娯楽にも傾きがちであった。だが動物園はそこから、異国の自然や文化を「体験」するための場にもなっていく。

世界初の動物園とされるのはパリの「ジャルダン・デ・プラント」である。これが誕生したきっかけはフランス革命（1789〜99）だった。かつてヴェルサイユ宮殿に、王による支配の象徴としてメナジェリーがあったことは前章で述べた。だが革命のさなか、ルイ16世がパリにむりやり移住させられたあと（彼と王妃はのちに処刑される）、動物たちは毛皮をはぐために拉致されるなどして、数を減らしていた。残ったものも、パリの王立薬草園（ジャルダン・ロワイヤル・デ・プラント・メディシナル）に送って、標本にして「人びとの教育に役だてる」のはどうかということになった。

同園はもともと、その名のとおり薬草を育てるところだった。18世紀にささやかな博物館が追加され、ビュフォン（54ページ）が率いているあいだに動物学者、植物学者、解剖学者、化学者のつどう科学センターとなっていた。そしてフランス革命下の1793年、国民公会（議会）は自然史博物館をつくり、王立薬草園を「ジャルダン・デ・プラント」として博物館に組みいれることにする。

結局、ヴェルサイユの動物は、同園で殺して標本にするよりは、そのまま飼うほうが研究にも役だつと判断された。こうして動物飼育エリアがつくられ、博物学者エティエンヌ・ジョフロワ・サンティレール（1772〜1844）が監督することになった。彼のいた1840年ごろまでが、ジャルダン・デ・プラントの黄金時代といわれる。

ヴェルサイユからやってきたのは、ライオン、それにいまは絶滅動物となっているクアッガ（前半分だけ縞があるウマの仲間）などだった。さらにパリ警察が、路上での動物の見世物は暴動のもとになりかねないということで、動物をさしおさえて飼育者ともども博物館の飼育エリアに連れてきた。こうして、ジャルダン・デ・プラントにいる動物は充実したものの、まにあわせの飼育舎とエサ不足のせいで長生きしなかった。

動物が足りないのなら、フランス軍が蹂躪《じゅうりん》した国ぐにのメナジェリーから略奪すればよい。というわけで1798年には、オランダのヘット・ローにあったメナジェリーから、2頭のゾウをはじめとする「戦利品」が、スイスのベルンでは、市の紋章にもなっているクマが略奪され、イタリアのメナジェリーもおなじ目にあった。

つまり、運営者や設立目的こそ違えども、動物園もまた、むかしの動物コレクションとおなじく「支配をあらわす場」であったわけだ。

さて、ジャルダン・デ・プラントの動物エリアはどのようにデザインされていたのだろう。

前章で説明したとおり、ヨーロッパでは動物をカテゴリーごとに分類し、学名をつけて正確に理解しようという動きがあった。

ならば、ジャルダン・デ・プラントも、生きた動物たちを分類にしたがってすっきりした空間で展示するのがよいはずだ。そうすれば動物たちは、過去の怪しげな神話の世界から切りはなされ、「科学的に」理解されるはずである。ところがここでもジャルダン・デ・プラントは、政治と無縁ではないことを実証した。

図1をみてみよう。これは1823年当時の同園を上からみおろしたものだが、動物が飼育されていたのは左側の敷地である。右側は植物園だ。両者を比較してすぐに気づくのは、植物がまさしく表みたいに整然とならべられているのにたいして、動物は異様にグニャグニャした敷地で飼われていることだ。

こんなふうになったのは、ジャルダン・デ・プラントに動物がくわえられたのが革命期だったせいだ。以前、動物が飼育されていたのは、ヴェルサイユ宮殿のメナジェリー

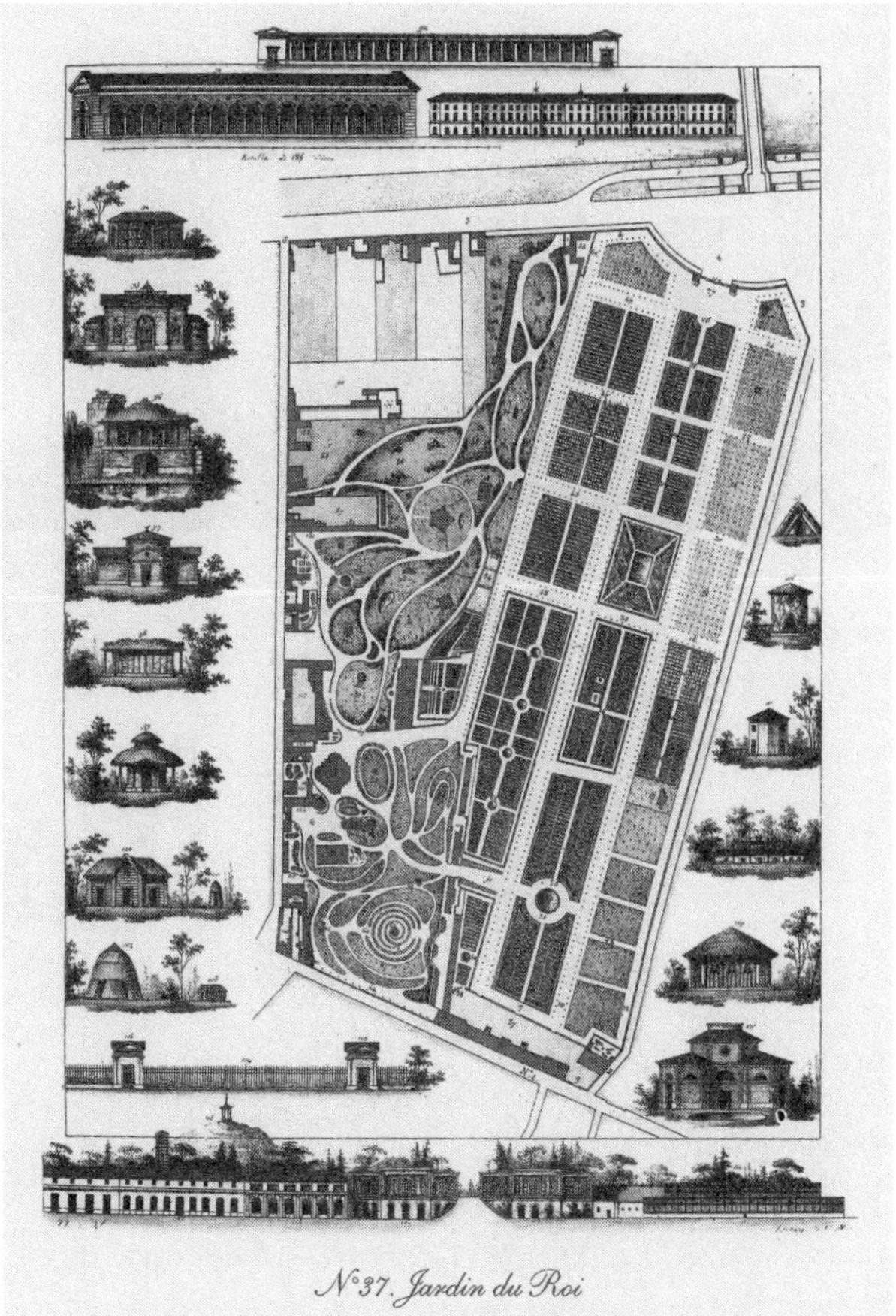

図1：ジャルダン・デ・プラント上面図（1823）

図2：ジャルダン・デ・プラントの「ロタンダ」

（38ページ）であった。そこでは、王がすべての統率者であることを示すために、中央にパビリオンが配置され、まわりを幾何学的なかたちの飼育場が囲んでいた。しかし革命期の市民たちは、こうしたデザインを嫌った。

そこで、建築家ジャック・モリノ（1743〜1831）は、市民たちの「自由」をあらわす、中央がなくてぐねぐねした道からなるデザインをあみだした。建物は、木、枝葉、ワラ屋根からなりたっていて、牧歌的な雰囲気だった。

ところが、革命と戦争のどさくさで軍人ナポレオン・ボナパルト（1769〜1821）が実権を握ると、ふたたび変化がおとずれる。モリノの手で新たにドーム型の飼育舎（ロタンダ）がデザインされたのだが、それはレジオン・ド・ヌール勲章の輪郭をベースにした、幾何学的でどっしりしたものだった（図2）。これは明らかにナポレオンの権力を象徴している。ヴェルサイユ・メナジェリーのパビリオンが、戦闘的な装いをまとって再来したものといえよう。なおこの建物は、本来は肉食動物のためにつくられたそうだが、結局ゾウの飼育舎になった（Baratay 2000, Graczyk 2008, Kisling 2001, Meuser 2018, Osborne 1996）。

早い話が、ジャルダン・デ・プラントは、設立目的こそ学問的だったかもしれないが、動物の収集や展示のやりかたはローマ人のそれだった。

帝国のプライド、ロンドン動物園

さて、ナポレオンがイギリス軍との決戦に敗れ、島流しになったあとの1817年のこと。ジャルダン・デ・プラントに、トマス・スタンフォード・ラッフルズ（1781～1826）というイギリス人がやってきた。ラッフルズはジャルダン・デ・プラントがもつ近代性に感銘を受け、母国にも同様の、しかもよりすぐれたものが欲しいと思うようになる。

ラッフルズは有能な植民地政治家だった。ジャマイカ沖にて船のなかで生まれ、14歳で東インド会社に雇われた。24歳には書記官補としてペナン島にわたり、以後東南アジアで植民地経営にたずさわるようになる。

やがて彼は、シンガポールにイギリスの貿易拠点を築くが、政治家として活動するあいだ、自然にたいする興味ももちつづけていた。スマトラではみずから探検をおこない、世界最大の(しかも臭い)花をみつけている。この花には、彼と探検仲間の名をとってラフレシア・アルノルディイ(*Rafflesia arnoldii*)という学名がついた。彼が一度ヨーロッパにもどったとき、ジャルダン・デ・プラントにいったのも、こうした関心があったからだろう。

ラッフルズは、東南アジアで動植物の貴重なコレクションを築き、イギリスにもちこもうとしたが、それらはなんと船火事で全滅してしまう。そこで彼は、科学研究団体の王立学会を率いていたハンフリー・デービーを誘って「ロンドン動物学会」をつくり、動物を展示・研究する施設を開こうとした。

ところがこの学会、はじめは何をしたいのかはっきりしなかった。いっぽうでは、海外から生きものをとりよせて、いずれ食用とするためにイギリスの気候になじませる実験をすることになっていた。その結果、シカやカモのような生きものが重視される。しかし他方では、生活に役だつかどうかは別にして、あらゆる生きものを収集し、研究することに興味があった。

これはおそらく、ラッフルズとデービーの興味の違いに由来する。ラッフルズは、ジャルダン・デ・プラントのような、動物学を推進し、しかも生きた見本を展示できる施設が欲しかった。ところがデービーは、すぐにも英国経済に役だつような、実用的な施設を望んでいたという。もっとも、彼は動物学会に必要な援助をとりつけるために、あえて実用的な面を強調したのではないかという意見もある。「研究するから動物を飼いたい」といっても、学者の脳内ファンタジーみたいに思われがちだからである。いずれにせよデービーは、王室からリージェンツ・パークの土地を借りることに成功している。

ラッフルズは、計画の途中で突然死してしまったが、ロンドン動物学会はリージェンツ・パークに、のちに「ロンドン動物園《ズー》」（図３）として親しまれる飼育施設を開く。１８２８年のことであった。これとは別に、当初の計画をもとに、品種改良を目的とする農場がロンドン近郊のキングストン・ヒルにもうけられた。ブリーダーが料金を払えば、自分の家畜を海外産の動物とかけあわすことができたが、こちらは長続きしなかった。

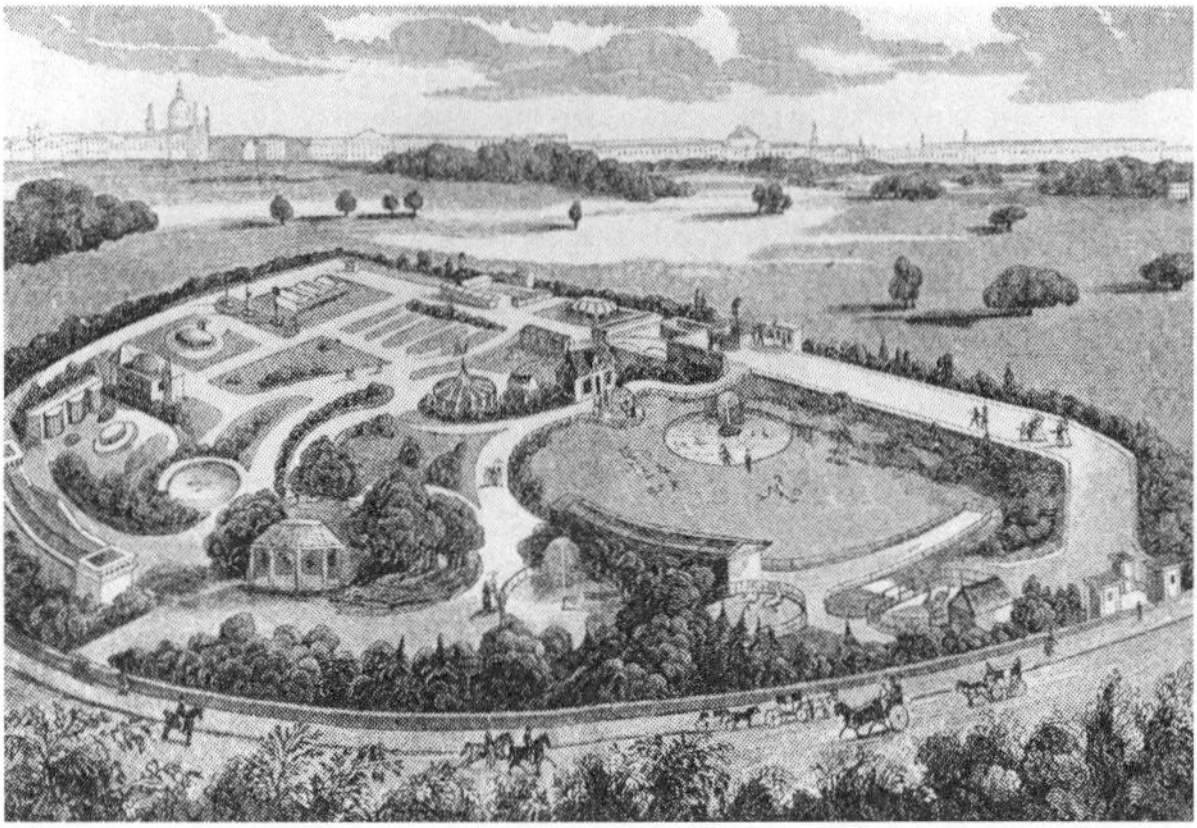

図3：ロンドン動物園（1829年の様子）

とはいえ、これらふたつの施設は「支配をあらわす場」である点ではおなじだった。海外産の生きものを品種改良に使うことは、自然界にたいする支配の一形態である。そしてリージェンツ・パークの動物園では、世界のすべての生きものに名前がつけられ、分類されていく。それはカオスみたいな自然界に秩序をもたらし、動物を効率的に利用することを助けるだろう。ロンドン動物園は、爬虫《はちゅう》類《るい》館（1849）、水族館（1853）、昆虫館（1881）を、いずれも世界に先がけてオープンしたが、これもそうした発想の延長線上にあった。

なお同園は、もともと知的エリートのため

の施設として構想されていた。入園するには学会員から許可をもらい、1シリングの料金を支払わなければならなかった（それでも、オープンして7カ月のあいだに3万人が訪問している）。しかし1846年に許可制が廃止され、47年に月曜日の入園料が6ペンスに下げられると、たちまちあらゆる人びとの人気スポットとなる。

そのうちロンドン動物園は、英国民によって大英帝国《ブリティッシュ・エンパイア》の政治的・軍事的・経済的パワーを示す場所であるとはっきり認識されるようになった。イギリスの絶頂期を体現するヴィクトリア女王（1819～1901）も、熱帯地域の君主たちから贈られた生きものを動物園に下賜《かし》している。史学者のハリエット・リトヴォはこう述べている。

「ヴィクトリア朝時代の動物園やメナジェリーに監禁され、囚われている生きものたちは、彼らの所有者や征服者に栄光をもたらした。さらに訪問者たちは、彼らが展示されるさまをみて、その栄光のおこぼれに存分にあずかることができた」。

ロンドン動物園は、どうみても植民地時代の産物であり、フランスを降《くだ》していまや無敵となった「ブリテン人による、物質的・知的な世界征服」（リトヴォ）をそのままあらわしたような場所だった。同園が、ライオンのような大型肉食動物を網羅することに熱心だったのはこれに関係する。彼らを無力化すれば、征服欲が満たされるからで、つ

図４：シフゾウ（1866年の絵）

まりはむかしから続いてきたことのくりかえしである（Fish 1976, Guillery 1993, Ritvo 1996, オールティック１９９０）。

なお、同園に収容された有名な生きものに、シフゾウがいる。シフゾウという和名は、尾はロバ、蹄《ひづめ》はウシ、頸はラクダ、角はシカに似ているが、そのいずれでもないところから「四不像」とされたのに由来する。野生の個体はすでに絶滅し、北京郊外の皇帝の猟園に飼われていたのが残るのみであった。

これを発見したのはフランス人神父ペール・ダヴィッドで、このためシフゾウは英語でペール・ダヴィッズ・ディアーという（学名は *Elaphurus davidianus*, 図４）。シフゾウは門外不出であったが、ロンドン動物園は、イギリス公使ラザフォード・オールコックを介して、1870年にこの貴重な動物を入手することに成功したのである。

なお、1898年にロンドン動物学会に寄せられた情報によると、北京の猟園は45マイル（約72キロメートル）の壁に囲まれていたが、洪水によって破壊され、シフゾウが脱走したところ飢えた農民に食べられてしまった。なお、同園は義和団の乱（1900）でもふたたび略奪にあい、ここにいたシフゾウは全滅してしまう。この珍奇な生きものは、ヨーロッパ人の収集癖のおかげで絶滅をまぬがれたといえる（Bushell 1898, 恩賜上野動物園 1982）。

では飼育環境についてはは、ロンドン動物園はどうだったのだろう。同園の設計を任されたのは、デシマス・バートン（1800〜81）という建築家で、41年までここで活動しており、その間2ヘクタール（2万平方メートル）だった土地もしだいに大きくなった。同園は当初、「クマ堀」、「リャマ舎」、「サル舎」などをちりばめた牧歌的な空間であった。バートン時代のなごりとして、いまも時計塔（図5）とオオガラスのオリをみることができる（ただし、いずれも再建されたもの）。また、一部の池や「イースト・トンネル」の南側はオリジナルのままであり、「キリン舎」（図6）もかたちをかえながら

図5・6：時計塔（復元）とキリン舎

存続している。

バートンのあとも、爬虫類館や水族館がつくられ、飼育舎の更新もおこなわれていったが、全体的な印象としては、あまりぱっとしないし、動物たちの暮らしもきゅうくつそうだった。とくにはじめのころは、大型肉食動物は平均2年しかもたず、粗末な暖房設備のせいでサルたちが一酸化炭素中毒をおこし、飼育員が死骸の山を運びだすしまつであった。すでに、生活環境ががらりとかわったり、監禁状態に置かれたりしたせいで、動物たちが苦しんでいると苦情が寄せられていたほどである（Guillery 1993, オールティック　1990）。

これはまだ、動物の生息地を理解したり、再現したりすることに慣れていなかったからだが、少なくとも建物のデザインについては、19世紀半ばから、ヨーロッパ大陸において新しい風が吹くことになる。

動物園で世界一周——異国情緒あふれる飼育舎

まずは図7をみていただきたい。なにやらエジプト神殿のような趣で、ヒエログリフ（古代エジプト文字）が描きこまれている。一瞬、現地の建物か、あるいは博物館かと思

図7：アントワープ動物園の飼育舎

うかもしれないが、じつはアフリカ産の動物を飼うために、ベルギーのアントワープ動物園（1843年開園）につくられた建物だ。

　これをデザインしたのはシャルル・セルヴェ（1828〜92）、王立芸術アカデミーで学んだ建築家である。1854年、アントワープ動物園が、アフリカ産動物の飼育舎をつくることにしたのを受けて、セルヴェはこれをエジプト神殿風にする案を出し、認められた。

　彼が参考にしたのは、イギリスにあった「エジプシャン・コート」である。エジプシャン・コートは、ロンドン郊外のシデナムの丘にあった、水晶宮（クリスタル・パレス）の内部にもうけられたものだが、図8をみれば、非常によく似ていることがわかるだろう。

図8：エジプシャン・コート

エジプシャン・コートは、彫刻家ジョゼフ・ボノミ（1796〜1878）が、みずからエジプト探検に参加して得た知見と、大英博物館の所蔵物からとった型を駆使してデザインしたものだ。カルナック神殿やアメンホテプ3世の宮廷が再現され、アブ・シンベル神殿の巨像も置かれていた（ちなみにこの巨像は、人びとを幻惑するために実物より大きくつくられていた）。そして美しい列柱、絵画、ヒエログリフ、スフィンクス像が周囲を固め、みる者を圧倒した。

セルヴェは、アントワープ動物園の飼育舎を建設するにあたり、1855年にイギリスにわたって、このエジプシャン・コートを研究した。さらにヒエログリフの専門家が、正面や柱の装飾を担当し、理事会のメンバー、セルヴェを含む制作者たち、そして王家の人びとの姿も飼育舎に描きこまれた。当時のベルギー王レオポルド1世（1790〜1865）については、特別にヒエログリフでこう記されている――「紀元1856年、ベルギーの太陽にして命、太陽の子たる国王陛下レオポルド1世のもと、アントワープに楽しみと市民教育をもたらす書となるべく、この建物は築かれた」。

もっともこの建築は、どこまでエジプト寺院を忠実に模したものなのだろう。この飼育舎は、外観こそエジプト風だが、内部のかたちはむしろバシリカ（古代ローマの長方形建築）に近いことが指摘されている。つまり、あくまでも「エジプトっぽい」建物にすぎないのだが、それはいろいろな寺院を組みあわせたり、実物より大きな像を備えたりしたエジプシャン・コートにもいえる。

セルヴェはその後、エキゾチックな飼育舎をアントワープ動物園内につぎつぎと建てた。たとえば、丸い入り口と2本の優美な柱からなるムーア風（北アフリカ風）のアンテロープ舎をつくったり、おなじ様式のダチョウ舎をデザインしたりしている（Baetens 1993, Ossian 2007）。なおアンテロープとは、優美なウシ科の生きものの総称である。

この飼育舎は第2次世界大戦（1939〜45。以下、「第2次大戦」「第1次大戦」のよう

図9：ベルリン動物園のアンテロープ舎

に表記する）中に爆弾が命中して破壊されたが、ベルリン動物園（1844年開園）に類似したものが残っている（正確には、おなじく戦争で損害を受けたが復元されている）。同園の園長ハインリヒ・ボディヌスが、アントワープ動物園の新建築に感銘を受けたのが建設のきっかけだ。

ベルリン動物園にそびえる仏塔

まず1872年、ベルリン動物園にムーア風アンテロープ舎（図9）が誕生した。外側はミナレット（イスラム寺院の祈りの塔）で飾られ、ガラスばりの屋根の下にはエキゾチックな植物がうわっている。玄関ホールには、スーダンのアンテロープの群れを描いた絵があり、それやこれやがひとつとなって、エキゾチックな雰囲気をかもしだしていた。この飼育舎は、当時のドイツ人の目にはまさに『千夜一夜物語』の宮殿のように映ったのだ。

このムーア風アンテロープ舎は、当時ライバル関係にあったベルリン水族館を意識したものだった。ベルリン水族館は、1869年に開館し、そのなかに陸上世界・水中世界を再現して、世界を一周しているかのような気分を味わえたのだ。

水族館は、ロンドン動物園内に誕生してのちヨーロッパ諸国で流行したが、自然環境をシミュレートした空間で生きものを飼うという点で、動物園に先んじていた。だがアントワープやベルリンの動物園建築も、その凝ったデザインによって人びとを異世界へといざなうことになった。こうして動物園も、非日常を体験する場へとしだいに変貌してゆく。

翌年、同園にはタイの仏塔《パゴダ》をイメージした巨大なゾウ舎が誕生する。いまに残る資料(図10)から、それが細かな部分まで装飾されていたことがわかる。インドとアフリカからやってきたゾウならびにサイが飼育され、500人の来園者を収容することができた。

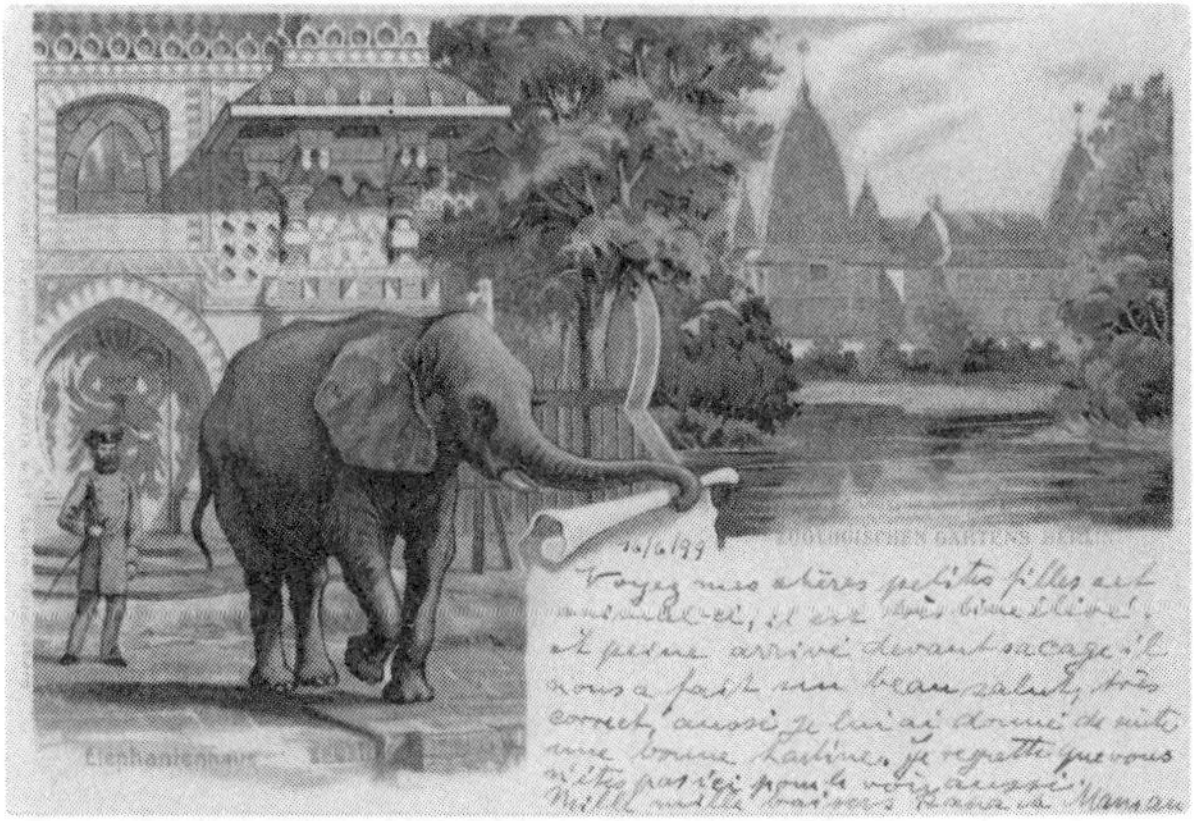

図10：タイの仏塔風のゾウ舎（むかしの絵葉書より）

ただし、そのエキゾチックな環境はあくまで来園者のためのもので、動物や飼育員のことはあまり考えていなかった。エサをやったり体を洗ったりするために必要な隔離設備がなかったのである。このため、「ボーイ」と名づけられたオスのゾウが、ホウキをとりに入ってきた飼育員をぶん投げて危うく重傷を負わせるところだった。

　これ以降も、異国風の飼育舎はつぎつぎと建設された。そのなかでとくに目だつのは、ルートヴィヒ・ヘックが園長だった時期（1888～1931）につくられたエジプト神殿風のダチョウ舎（図11）と、日本風の施設である。ダチョウ舎は建築家、動物園関係者、考古学者が協力してデザインした本格的なも

図11：エジプト神殿風のダチョウ舎（むかしの絵葉書より）

図12：日本風の事務所と入場門（むかしの絵葉書より）

のだった。いっぽう日本風の施設は、渉禽《しょうきん》（水生の動植物を食べる鳥）用の飼育舎にはじまって、入場門とそれに隣接する事務所・作業場が続く（図12）。入場門周辺は「日本区域」とよばれて、ベルリン動物園の目玉となった。

ちなみにこうした飼育舎は、動物を「様式的な統一感」にしたがって展示する傾向にあった。エジプトやタイの寺院を模した飼育舎には、その地域の生きものがお似合いというわけだ。ただ、これはあくまでも来園者の視覚に訴えるためで、動物たちが暮らすもともとの環境をそれほど意識していたわけではない。建築と動物の組み合わせが正しいともかぎらなかった。先述したように、ベルリン動物園のタイ風飼育舎には、アフリカゾウも飼われていたのだ（Graczyk 2008, Klös 1969）。

くりかえしになるが、異国風の飼育舎そのものが、実在の建物をそのままコピーしたのではなく、あくまでもヨーロッパ人がイメージする「エジプト」や「日本」を表象するものであった。これらをおとずれることで、人びとは「世界一周旅行」を楽しんだだけではない。彼らは動物と自分たちのイメージにかなった異国風建築をいっしょにみることで、「本物以上に本物らしい」という感覚（ハイパーリアリティという）をおぼえていたのである。その意味で、これら飼育舎はいまの映画セットやテーマ・パークの建築に近いものだった。

アメリカ動物園の夜明け

ヨーロッパで誕生した動物園は、大西洋の向こう側のアメリカ合衆国においても人気となる。

かの地でも、イギリスの植民地だったころから、巡業の興行師が動物を見世物にしていた。はじめは、クマなどアメリカ産の生きものが展示されていたが、ボストンのような港町には外来の動物もぽつぽつと上陸するようになった。独立戦争（1775〜83）に前後するかたちで、ライオン、ラクダ、ホッキョクグマ、ダチョウ、ゾウが、ニューヨークやフィラデルフィアなど主だった都市にお目見えしている。19世紀には、シマウマ、サイ、クアッガ、キリン、カバがつぎつぎと上陸した。

17世紀後半から19世紀初頭にかけては、巡回メナジェリーやサーカス・メナジェリーも活動している。ある巡回メナジェリーは、1789年にニューヨークにてトラ、オランウータン、ナマケモノ、ヒヒ、バッファロー、ワニ、トカゲ、ヘビを展示したというが、最初の2種については本物かどうかはっきりしないという（Kisling 2001）。

図13：バーナムのアメリカ博物館（1858）

アメリカにはまた、定住式の動物展示施設があった。とくにおもしろいのは、興行師フィニアス・テイラー・バーナム（通称P・T・バーナム、１８１０〜91）の「アメリカ博物館」（図13）だろう。

博物館と聞くと、どこか高尚《こうしょう》なイメージをもつかもしれないが、バーナムのそれは違う。なんといってもこの男は、英雄ワシントン将軍を看護したという「１６１歳」の盲目の黒人女性を展示することで見世物界にデビューしたような人物である（ちなみに彼女を死後解剖してみると、80歳をすぎたのがいいところという結論だった）。

もともとバーナムはベセルという町でジャーナリストをしていたのだが、書いた記事が災いしてトラブルになったため、ニューヨークにうって出てあの手この手で商売をするうちに、怪しげな見世物をしてまわるようになった。しかしふたりの娘をさずかって、どこかに身を落ちつけたいと思っていたところに、ニューヨークのアメリカ博物館が売りに出ているという情報を耳にする。

同館は、タマニー協会が集めていたコレクションを核とし、個人の手で運営されていたが、1821年に最後の持ち主が死んでからはそのままになっていた。バーナムは、そのコレクションを値切りに値切って1万5000ドルのところを1万2000ドルにしたうえで、まず博物館の入っていたビルのオーナーに買いとらせ、そのあと分割払いで入手できるようにした。彼のもとで同館が運営されるようになったのは、1841年のことである。

バーナムのアメリカ博物館には、ガラス細工や蒸気機関、有名人をかたどった蠟《ろう》人形、絵画、コイン、昆虫標本、民芸品、エジプトのミイラ、サメの歯やクジラの顎があるかと思えば、占い師だの骨相学者だのがいて、怪しげな術を披露した。さらには「ノバスコシアの女巨人」ことアンナ・スワン、「生ける骸骨」イサーク・スプラギュー、「生ける幽霊」Ｒ・Ｏ・ウィックウェアといった人びとがおなじ空間をシェアしていた。

この、めくるめく世界にくわわっていたのが、生きた動物たちである。ライオン、トラ、クマ、ダチョウ、サル、カバ、サイ、キリンがいたという。『ニューヨーク・タイムズ』（１８６５年7月14日）の記者の回想によると、地下階のカバ用のプールのまわりに「野獣をすまわせるための巨大なオリ」があった。また3階にはさまざまな種類のサル、ヤマアラシ、カンガルー、ヘビなどが展示され、悪臭を放っていたという。２階にはアメリカ初となる水族館まであって、デンキウナギ、エンゼルフィッシュ、アリゲーターなどが少なくとも40はある水槽にており、さらには手回しオルガンを演奏するアザラシや、シロイルカまで飼育されていた。

アメリカ博物館は１８６５年に焼失し、大半の生きものは展示物ともども失われてしまったが、それまでに３８００万人もの入館者を記録していた。当時のアメリカ人口より３００万人も多いのは、リピーターがいたからだが、かなりの人気施設だったのはまちがいない。バーナムは博物館を再建するが、これも焼失すると巡業の「Ｐ・Ｔ・バーナムの博物館・メナジェリー・サーカス」を開始、やがて「グレーテスト・ショーマン」とよばれ、その憎めない性格もあって全米で愛される人物となる。

図14：セントラル・パーク動物園

バーナムはまた、新たに建設されたワシントン国立動物園（後述）に助言や援助を与えたことでも知られている。彼は、人びとをふしぎの世界へといざなう混沌とした見世物が、もっと科学的で洗練された公共施設に置きかえられてゆく時代を生きたのである（Saxon 1989）。

その「洗練された公共施設」となるべき米国初の動物園は、同国の文化的中心地であったフィラデルフィアに生まれた。もちろん、これ以外にも動物園の初期形態みたいなところはあった。たとえばニューヨークのセントラル・パークでは、1861年ごろから、いらないペットなどを市民から引きとって飼うようになっていた。やがて、バーナムたちのサーカス動物を滞在させたりしながらコレクションを増やし、いまもセントラル・パーク動物園として残っている（図14）。
いっぽう、フィラデルフィアのフェアマウント・パークに1874年にオープンした動物園は、動物学会が運営し、コレクションも哺乳類282頭、鳥類674羽、爬虫類8匹というかなりの規模のものであった。フィラデルフィア動物学会は、ヨーロッパを旅して動物園の価値に気づいた医師ウィリアム・カマックの提唱で1859年に誕生したが、市民たちの無理解や南北戦争（1861～65）のおかげで、なかなか動物園をオープンさせられなかった。それでも、首都ワシントンやニューヨークの動物学会には先んじたことになる（Kisling 2001）。

世界から動物を送ってください！

ワシントンでは、1840年代からすでに、ジャルダン・デ・プラントにならって、スミソニアン科学推進研究所に動物園をつくるべしという意見があった。しかしじっさいに生きものが飼育されるようになったのは、1880年代になってからだった。やがて、175エーカー（約71万平方メートル）の土地に国立動物園（1891年開園、図

図15：ワシントン国立動物園（写真は爬虫類館、1931年公開）

15）が設置されることとなる（Kisling 2001）。

その設立に尽力した（ただし園長に選ばれなかった）ウィリアム・ホーナデーは、アメリカ産の生きものの保護を念頭に置いていたとされる。いっぽうで、世界中の動物を網羅することも重視された。おもしろいのが、『国立動物園のために望まれている動物たち』（1899）という資料だ。これは、海外に滞在するアメリカ軍士官に向けて発行されたもので、「ここ数年、議会が動物を購入するための金を出してくれないので」、動物獲得に協力してほしいという内容である。そして、各地域で入手できる動物が列挙され、図も添えられていた（図16）。

真っ先に入手先として挙げられているのは、

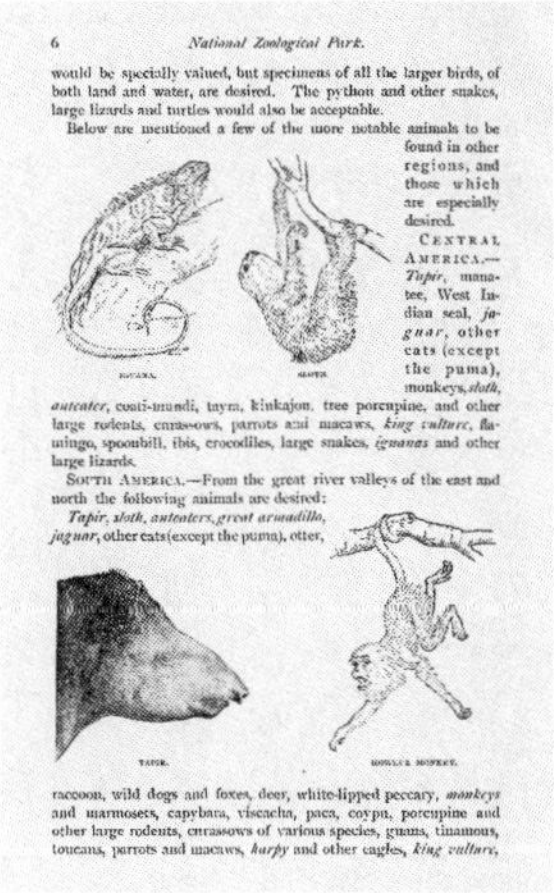

6 *National Zoological Park.*

would be specially valued, but specimens of all the larger birds, of both land and water, are desired. The python and other snakes, large lizards and turtles would also be acceptable.

Below are mentioned a few of the more notable animals to be found in other regions, and those which are especially desired.

Central America.—*Tapir*, manatee, West Indian seal, *jaguar*, other cats (except the puma), monkeys, *sloth*, *anteater*, coati-mundi, tayra, kinkajou, tree porcupine, and other large rodents, curassows, parrots and macaws, *king vulture*, flamingo, spoonbill, ibis, crocodiles, large snakes, *iguanas* and other large lizards.

South America.—From the great river valleys of the east and north the following animals are desired:

Tapir, sloth, anteaters, great armadillo, jaguar, other cats (except the puma), otter, raccoon, wild dogs and foxes, deer, white-lipped peccary, *monkeys* and marmosets, capybara, viscacha, paca, coypu, porcupine and other large rodents, curassows of various species, guans, tinamous, toucans, parrots and macaws, *harpy* and other eagles, *king vulture*,

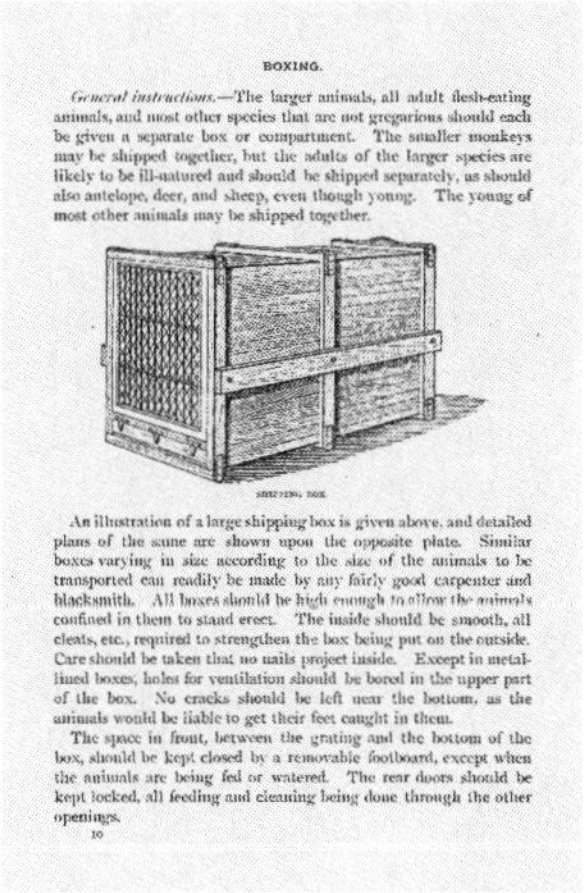

BOXING.

General instructions.—The larger animals, all adult flesh-eating animals, and most other species that are not gregarious should each be given a separate box or compartment. The smaller monkeys may be shipped together, but the adults of the larger species are likely to be ill-natured and should be shipped separately, as should also antelope, deer, and sheep, even though young. The young of most other animals may be shipped together.

An illustration of a large shipping box is given above, and detailed plans of the same are shown upon the opposite plate. Similar boxes varying in size according to the size of the animals to be transported can readily be made by any fairly good carpenter and blacksmith. All boxes should be high enough to allow the animals confined in them to stand erect. The inside should be smooth, all cleats, etc., required to strengthen the box being put on the outside. Care should be taken that no nails project inside. Except in metal-lined boxes, holes for ventilation should be bored in the upper part of the box. No cracks should be left near the bottom, as the animals would be liable to get their feet caught in them.

The space in front, between the grating and the bottom of the box, should be kept closed by a removable footboard, except when the animals are being fed or watered. The rear doors should be kept locked, all feeding and cleaning being done through the other openings.

10

図16・17：国立動物園が求める動物や、ライオン用オリの説明

キューバ、ポルト＝リコ（プエルトリコ）、フィリピン諸島である。マナティー、フラミンゴ、メガネザルなど貴重動物がいるとされるが、これらの地域には、スペインとの戦争（1898）でアメリカ軍が進出していたため、動物園はこれに乗じようとしたらしい。

　ほかにも、中南米ならジャガー、ナマケモノ、トキイロコンドル、バク、アリクイ、オオアルマジロ、イグアナ、南アジアはガヤル（ウシの仲間）にチーター、アフリカだとシマウマ、クアッガ、キリン、ゴリラ、チンパンジーが入手できると書かれている。オーストラリアも珍しい動物にこと欠かないが、いちばん欲しいのはカモノハシであ

った。ちなみに日本には、クマなどのほかに「ヤギみたいなアンテロープ」（ニホンカモシカ?）や「アライグマみたいなイヌ」（タヌキ?）がいるとされている。

さらにこの資料では、動物を搬送するためのオリのつくりかたやエサやりの方法も記されている（図17）。ライオンなら、オリには向きをかえるためのスペースがいるが、シカやカバはないほうがむしろよい。サルのばあい、オリの入り口に毛布を垂らせるようにしておけば、保温や移動のときに役だつ。エサは多めに与えないほうがよく、毎日清掃すること。ワシなどの猛禽類は、細く切った肉片だけでなく、生きた鳥やネズミも与えること。

つまりこの資料は、戦争が動物園の発展と結びついていたことはもちろん、当時の動物園が欲しがっていた種や、運搬、ケアの方法も教えてくれるのだ。

1890年代には数多くの動物園がアメリカに誕生しているが、そのひとつがニューヨーク動物園（1899年開園）、通称ブロンクス動物園である。のちに大統領となるセオドア・ローズヴェルト（1858~1919）らの支援を受けてニューヨーク動物学会が設立され、先述のホーナデーが園長として招かれた。アメリカにいる野生動物の保護をはじめからうたっており、1917年出版のガイドブックでも、同園が絶滅寸前に追いこまれたアメリカバイソンを繁殖させ、ふたたび野生にもどしていることが強調されている。

第5章でくわしく述べるが、アメリカ人にとって、自然はもともと克服すべきもの、征服すべきものであった。これはヨーロッパ人とかわらない。しかし興味深いことに、アメリカではしだいに、荒々しい原生自然は愛国心と結びつき、国民が誇るべきもの、守るべきものとして認識されるようになる。ローズヴェルトも、自然保護に熱心だったことで有名だ。つまり国立動物園やブロンクス動物園は、アメリカ人が母国の自然を再評価してゆくなかで成立したといえる（Kisling 2001, Pindar 1917, 岡島 1993）。

ブロンクスでは、「生きものたちに配慮した展示」もうたっていた。岩状の隆起やくぼ地、池、森、沼沢地などにより、「この種のいかなる施設もかなわないほどの規模で、動物たちにふさわしい生息地や、じゅうぶんなスペースを」提供したという（1917年のガイドブックより）。

ガイドブックをみてみると、じっさいにはどっしりした建物と屋外の運動場が混在するスタイルであったことがわかる。たとえばいまも残っているゾウ舎（図18）は、恐竜画で有名なチャールズ・ナイトたちの彫刻が飾られた建物で、8つのコンパートメント

図18：ブロンクス動物園のゾウ舎

のそれぞれに「大きな屋外の囲い地」がついていた。ライオン舎も屋外展示用のオリと屋内設備からなりたっている。サル舎では、チンパンジーやオランウータンに屋外展示用のオリがあてがわれていたが、彼らは短命で、ゴリラがとくにそうだと記されている。

またブロンクス動物園がとくに自慢にしていたのは「フライング・ケージ」である。幅約22メートル、奥行き約46メートル、高さ約17メートルのワイヤーと鉄のフレームからなる構造物で、なかには大きな木や池があった。ここでは、アメリカトキコウやシラサギ、ウ、ペリカンなどが飼育されていた。ほかにはアンテロープ舎、ダチョウ舎、爬虫類館などがあり、これらにも屋外の運動場や池がくっついていた。

ただ、動物のケアに配慮をみせているとはいえ、展示はあくまでも分類にもとづいており、地理的な分布や、生息地での相互関係はあまり意識されていなかった。たとえばライオン舎にはライオン、トラ、ヒョウ、ピューマといった大型のネコ科動物が集結させられていたし、ゾウ舎ではゾウ、サイ、カバ、コビトカバ、バクのような、「厚皮動物」が飼育されていた。また、世界中の哺乳類、爬虫類、両生類、鳥類、昆虫類を網羅しようとする野心的な態度もかいまみえる。

同園で飼育されていた生きもののなかで、とくに関心を引くのはフクロオオカミとコビトカバだろう。フクロオオカミは、オーストラリアのタスマニア島にいたが、第２次大戦前に絶滅したとされる。またコビトカバについては、第3章でくわしくふれるが、その存在は知られていたものの、長らく生きた個体が確認されていなかった。しかしドイツの動物商カール・ハーゲンベックが獲得に成功、ホーナデーは彼をとおしてコビトカバを入手し、鳴り物入りでブロンクス動物園にやってこさせたのだ（Pindar 1917, Rothfels 2002）。同園はまた、世界ではじめてコモドオオトカゲ（１５２ページ）を展示するなど、センセーショナルな話題にはこと欠かない。

日いずる国の動物事情

さて、アメリカにやや遅れるかたちで、日本にも動物園がつぎつぎと誕生した。19世紀になる前から、日本人は海外の生きものに接する機会があった。たとえば、6世紀末から7世紀にかけて朝鮮半島よりクジャク、ラクダ、ロバ、オウムが渡来していた。また中世〜近世のあいだにゾウやトラが上陸し、1602年にも交趾《こうち》（ベトナム）よりトラ、ゾウ、クジャクが徳川家康に贈られている。17世紀以降はオランダ船の活動が目だち、ダチョウ、ヒクイドリ、ヤマアラシ、オランウータンなどを運んできた。

こうした動物のなかでも有名なエピソードは「吉宗のゾウ」である。徳川吉宗（1684〜1751）がゾウを欲しがっているのを耳にした中国商人が長崎に連れてきたものので、オスとメスがいたが、メスはすぐに死んでしまった。オスのほうは京都をへて江戸に入ったが、京ではわざわざ「広南従四位白象《こうなんじゅしいはくぞう》」という爵位をさずけられたうえで中御門《なかみかど》天皇のもとをおとずれている。爵位がないと御所に入れなかったのである。

このゾウは江戸にやってくると浜御殿で飼育されていたが、大きくなると食費がかさむようになり、源助という百姓に払いさげられた。源助は堀で囲んだ飼育地で、足すべてに鎖をつないで飼っていたようだが、ほどなくしてゾウは死んだ（大阪市立動物園１９４１、梶島２００２、木下２０１８）。

また動物園史にくわしく、最新の動物園展示を手がけていることでも知られる若生謙二《わこう》によると、江戸時代の初期から、京都の四条河原では珍獣・奇獣の見世物がおこなわれていた。その様子については、17世紀のものとされる複数の屛風（「四条河原遊楽図」）からうかがえる。動物がいるオリのまわりは囲われて、外からはみえないようになっていた（図19・20）。こうした見世物は、江戸堺町や大坂道頓堀（のちに難波新地）にもあり、17～19世紀にかけてクジャク、ヒクイドリ、オウム、インコ、ラクダ、トラ、テナガザルといった生きものが展示されたという。

このほか、「孔雀茶屋」や「花鳥茶屋」といって、珍しい生きものを展示して茶を出す店が18～19世紀に人気だった。その名のとおり鳥がメインだったが、ムササビ、モモンガ、サルなどもいた。

また、浅草寺境内にあった植木茶屋が、１８５３年から「花屋敷」と称するようになったが、植物だけでなく、動物も展示した。浅草花屋敷はしだいにアミューズメント・パークのようになり、１９００年の時点でオランウータンやトラ、クマ、ツルなどを飼

図19・20：「四条河原遊楽図」（それぞれ堂本家、ボストン美術館が所蔵）に描かれたクジャクやトラの見世物

育していた。エクセター・チェンジ（48ページ）のような、民営メナジェリーの日本版といってもよいだろう（若生　１９９３、小沢　２００７）。

日本ではまた、中国由来の「本草学《ほんぞう》」が定着していた。これはもともと薬剤になる動植物や鉱物を研究する学問だったが、しだいに自然物そのものへの関心を深めていき、図入りの本草書も出版されるなど、ヨーロッパの博物学とおなじ性質のものとなっていった。あとで紹介する、上野動物園設立にかかわる田中芳男（１８３８～１９１６）も、本草学者の伊藤圭介のもとで学んでいた。博物趣味は、大名から庶民にいたるまで共有されるようになり、孔雀茶屋の人気もこれと連動していた。つまり日本には、動物園が定着する素地がそれなりにあったといえる。

日本に西洋の「ズーロジカル・ガーデン」を紹介し、さらにこれをはじめて「動物園」とよんだのは福澤諭吉（１８３５～１９０１）であった。彼は１８６０年代に欧米を訪問し、その文化をわかりやすく日本人に伝えるために『西洋事情』を書いた。その「博物館」の項目に、動物園と植物園という施設があって、前者には「世界中の珍禽奇獣」が展示されると解説している。このとき彼の念頭にあったのは、パリのジャルダン・デ・プラントである。

また1871〜73年に欧米を訪問した岩倉使節団も、動物園や水族館をいくつもたずねている。西洋文明の実態を知ることが、使節団の目的のひとつだったためである。たとえば記録係として参加した久米邦武《くにたけ》は、ロンドン動物園で驚くべき動物コレクションをみたことにふれ、これほどの海外産の生きものを集めるにはかなり金がかかること、「動物園を見ればその国の動物飼育技術がすぐれたものであるかどうかを判断できる」（水澤周の現代語訳）ことを指摘している（久米 2008、佐々木 1987、西村 1999、福澤 2013）。

日本初の動物園にまつわるエピソード

やがて1882年、東京上野に日本初の動物園がオープンした（図21／以下、『上野動物園百年史』にしたがって記述する）。その設立に尽力したのは田中芳男と町田久成（1838〜97）である。すでに述べたように、田中は本草学者の伊藤圭介のもとで学び、パリ万国博覧会（1867）のとき、幕府が出品するのにともなってフランスにわたった。このとき、ジャルダン・デ・プラントを見学し、ラッフルズ同様、これとおなじものを日本に設立したいと願うようになった。

図21：上野動物園（1896年の様子）

　やがて幕府が倒れ、明治政府となったあとも、田中はその経験を買われ、やはりヨーロッパ滞在歴のある町田とともにウィーン万博（1873）出品の準備をおこなうことになる。そのために収集された物品はまず国内で展示されたが、そのなかにはオオサンショウウオやクサガメ、ウシ、シマフクロウ、キツネ、クマ、ワシなど動物も含まれていた。このとき、博物館、動植物園、図書館がセットになった施設をつくる構想も生まれ、内山下町でこれが実現する。

　同館は、大久保利通が設置した内務省に所属することになり、やがてそのバックアップを受けて、上野公園に移転する。そのさいに、動物もいっしょに移って上野動物園の歴史がはじまった。なお同園は農商務省、宮内庁、東京市（当時）と所属先をつぎつぎかえてゆくが、その紆余曲折は省略したい。

上野動物園は、出発当初は「鳥獣室」「猪鹿室」「熊檻」「水牛室」「山羊室」に鳥類や魚類の飼育施設をくわえた、地味なものだった。なお魚を飼っていたのは「観魚室《うおのぞき》」といって、日本初の水族館にあたる。ヒグマ以外にはいわゆる「猛獣」もいない状態だったが、1886年にイタリアの「チャリネサーカス」がやってきて、トラが3頭の子を産んだとき、うち2頭をヒグマ2頭と交換して手に入れた。これがきっかけで、前年より35・8％増の24万人の入園者を記録する。

その2年後、清国（中国）からやってきたシフゾウ2頭や、シャム（タイ）皇帝から天皇に贈られたゾウ2頭があいついで飼育される。シフゾウは、伊藤博文が天津条約を結んだことを理由にしてとうとう手に入れたものである。

第4章でとりあげるように、戦争で獲得した動物の展示もおこなわれたし、日露戦争（1904〜5）のあと、東南アジアで活動する日本人が増えると、この方面から動物が寄贈されるようになった。また韓国を併合（1910）すると、李王家の離宮・昌慶宮にあった動物園からカバが送られてきている。さらに、オーストラリアのムーア・パーク動物園（1881年開園）やメルボルン動物園（1862年開園）、ワシントン国立動物園とも動物交換をおこない、珍しい生きものの入手に成功した。

またアメリカだけでなく、日本の動物園史にも少なからぬ足跡を残しているのが、ブロンクス動物園のところでも登場したドイツ人ハーゲンベックである。彼は上野動物園に、ライオン、ホッキョクグマ、ダチョウなどきわめて人気のある動物たちをもたらしている。1900年から「動物園監督」となっていた石川千代松が、ハーゲンベックとの交渉にあたった。1907年にハーゲンベックからキリンのつがいを購入したときは、ひと目みんと人びとがおしよせて、年間100万人を記録した。

ただし、キリンたちはそれぞれ到着してから9カ月と1年で死んでしまう。これはラクダ舎を改造した、暖房設備も整っていない急ごしらえの飼育舎で飼っていたためである。そのほかにも、飼育に悩んだエピソードは多い。有名なのは1888年にシャム皇帝からプレゼントされたゾウだ。2頭いたうちメスのほうは5年で死亡し、オスは飼育員や来園者をケガさせるなどだんだん危険になってきた。現地からゾウ使いをよびよせてなんとかならそうとしたが失敗し、結局足をすべて鉄鎖につないでいたところ、虐待だと国内外で批判されるようになってしまう。このゾウはのちに浅草花屋敷に引きとられたが、1932年に死亡している。

その後、動物園には1924年にオスゾウの「ジョン」とメスゾウの「トンキー」、35年にメスゾウ「ワンリー」(花子)がやってきた。このうち、ジョンは暴れゾウとしてあつかいに困ったが、トンキーとワンリーは芸をおぼえて人気者となっていく。

「クロヒョウ脱走事件」も悪名高い。1936年にシャムから贈られてきたのだが、天井にあったごくわずかな隙間から脱走し、帝都を震撼させた。幸い、地下水路にいるところを発見され、だれにも危害をくわえないうちに捕獲できたが、この年の三大事件といえば、陸軍青年将校がクーデターをおこした「二・二六事件」、女性が情夫の陰部をきりとって逃げた「阿部定事件」、そしてクロヒョウ事件である、などといわれるはめになった。

『上野動物園百年史』には、そうしたさまざまな事件が列挙されているが、同園はそれでも着実に発展をとげ、とくに1924年に東京市に下賜されてからは、ごく一部を残して飼育舎はすべて刷新された。トラ、ライオン、ヒョウがいる「猛獣舎」(屋内施設と屋外施設がセットになっていた)、フライング・ケージ型の「大水禽舎」、堂々とした「ゾウ舎」、ハーゲンベック動物園(後述)にならって柵を撤去した「ホッキョクグマ

図22：京都市動物園の様子（1913年当時）

舎」や「サル山」などが誕生し、いかにも動物園らしい外観を備えるにいたっている。

芸をするチンパンジーと桃太郎神社
——関西の動物園

上野動物園に続いてつくられたのが、京都市動物園である（図22）。京都市では、皇太子（のちの大正天皇）結婚のさい、市民が東宮御慶事奉祝会を組織して、記念物の建設費を市に寄付した。京都市はこれに市費をくわえて、第4回内国勧業博覧会の跡地に動物園をつくることを決定、1903年にオープンした。開園当初の敷地面積は、3万4059平方メートルであった。

タイワンザル、ニホンザル、アシカ、ラ

クダ、トラ、オシドリ、クジャクなど哺乳類11種24頭、鳥類50種214羽と、スタート時点での規模はさほどではなかった。しかしここでも1907年以降、ハーゲンベック社からホッキョクグマ、ライオン、ダチョウ、シマウマ、さらに日本初渡来となるナンベイバクを入手するなどして、バリエーションを増やしていった。とくにライオンたちは日本ではじめて4頭の子を産み、うち1頭は人工哺育で育てられた（京都市　1984）。

なおハーゲンベックは、大阪市立動物園（天王寺動物園）にも動物を供給している。大阪市立動物園には、じつは前身があった。府立大阪博物場附属動物檻《ふぞくどうぶつかん》といって、文字どおり動物をオリに入れてみせていたものだ。1903年には、第5回内国勧業博覧会の会場外に「余興動物園」（図23）が開かれる。同園は、ゾウ、ヤマアラシ、トラ、ライオン、ニシキヘビなど外国産49種、国内産14種を飼育し人気となったが、大阪府は、博覧会後にこれをゲットしたら一気に動物檻を充実できるので、うち8種を見積もり価格約1万円のところを5000円まで値切りまくって買いとることに成功した。

しかし、本来は商品をならべる博物場に、動物の発する臭いや奇声はふさわしくないし、しかも1909年に大火が発生したときは、あわや動物檻にも燃えうつって大惨事

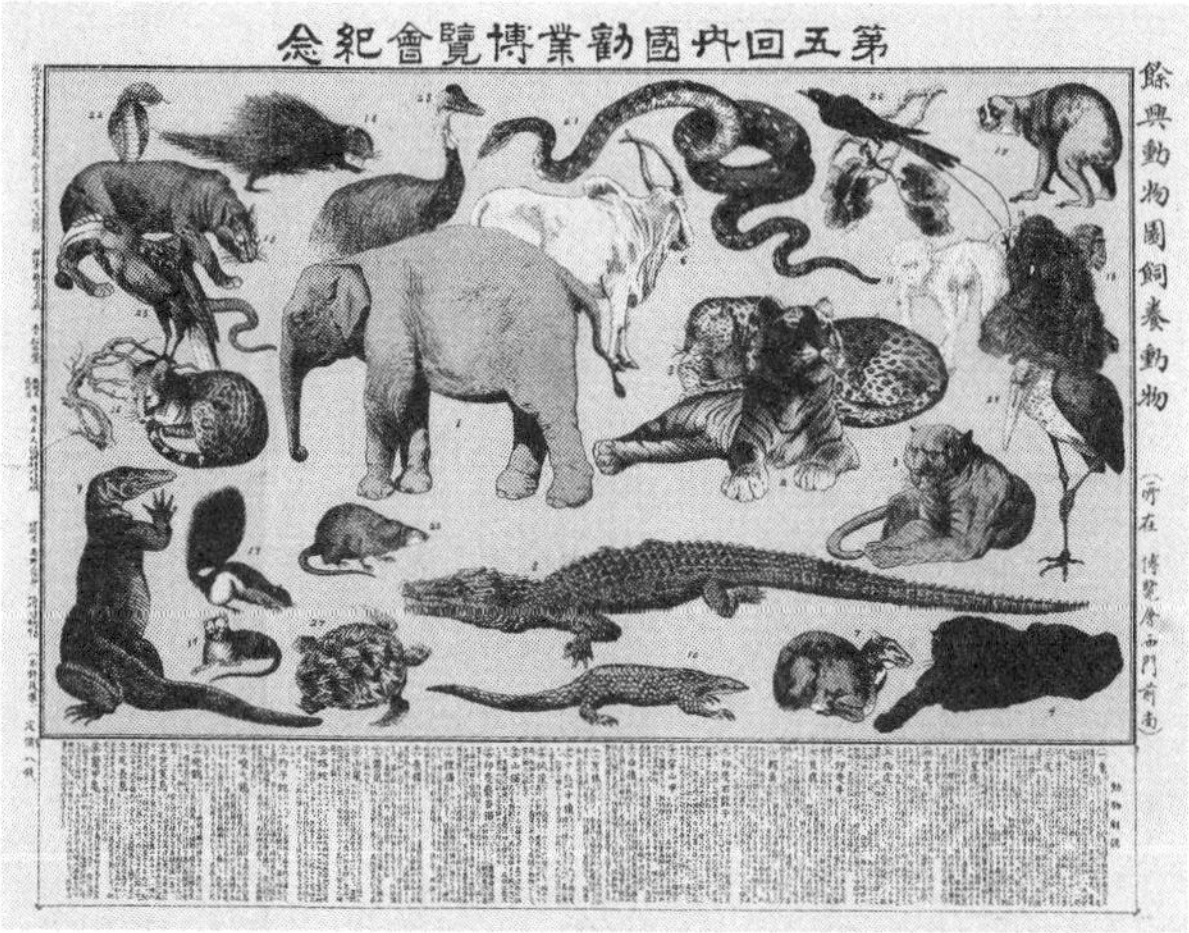

図23：「第五回内国勧業博覧会紀念　余興動物園飼養動物」より

となるところだった。もし大阪の中心地で動物が逃げたら大変だということになって、大阪府は大阪市に動物たちをただで譲り、天王寺公園に動物園がつくられることになった。

このとき大阪市は、東京や京都の動物園に負けないものをつくろうと、そうとうはりきったらしい。原案では敷地４２３０坪（約1万４０００平方メートル）としていたのを、７９２５坪（約2万６０００平方メートル）とほぼ倍にして、動物も追加購入することにした。同園は大阪府立農学校教諭の飯島儀四郎の手でデザインされ、コンクリート製の岩がある展示場と屋内設備を備えた猛獣舎、大阪

図24：人間のまねをするリタ（右）とロイド

市の市章（みおつくし）をあしらった止まり木のあるウの放養場、ウグイスなどを飼育する日本庭園、ホッキョクグマ舎、サル舎などがあった。

一般に公開されたのは１９１５年で、第１次大戦（１９１４～18）のまっただなかであった。昭和初期に敷地は2倍以上にふくらみ、柵をとっぱらった動物舎も新たにもうけている。

さらに天王寺動物園には日本ではじめて展示された種が多く、チンパンジー、マントヒヒ、リカオン、イボイノシシ、ベニガオザル、ピューマなどがそうである。とくに１９３２年から公開されたメスのチンパンジー「リタ」は、人間とおなじふるまいをするよう調教されていて、自転車をこいだり、フォークとナイフを使って食事したり（図24）、紅茶をすすったりと、おなじく芸をしこまれたオスの「ロイド」とともに大人気だった（大阪市天王寺動物園 1985）。

動物芸への傾倒は、動物園が、博物館の一部であることをめざした研究・教育施設から、しだいに娯楽施設へと変容していったことを示している。多くの人びとにとって、動物園は珍獣をみるための場にすぎなかったのだ。この流れに竿さしていたのが、鉄道会社がオープンした、遊園地つき動物園（ないし動物園つき遊園地）である。鉄道沿線の開発や、人びとの土地への愛着を高めるためにもうけられた。若生によると、その皮切りとなったのは阪神電気鉄道の香櫨園《こうろえん》遊園地（1907）だった。動物園、博物館、運動場、水上自動車、ウォーターシュートなどのアトラクションと、宴会ができる旅館がセットになっており、ライオン、ゾウ、オランウータンといった人気動物が飼われていた。

これに続くかたちで建設され、とくにユニークなものとして紹介しておきたいのが、箕面《みのお》有馬電気軌道、いまの阪急電鉄がつくった箕面動物園（1910年開園）である。これは自然豊かな箕面の地に娯楽施設をもうけようというものだった。

図25：龍宮城のようだった箕面動物園の入場門

写真にあるように（図25）、赤い「蓬莱《ほうらい》橋《ばし》」をわたって龍宮城みたいな「不老門」をくぐってなかに入るようになっていた。蓬萊とは、不老不死の仙人がすむ山のことで、つまり動物園が一種の異界というかパラダイスみたいなところとして表現されていたことになる。

同園には南洋産のオオコウモリやトラ、クマ、ゾウなどが飼われていたが、一部は芸を教えられていたようで、「クマの車まわし」やゾウのおじぎをみることができた。「犬猿の仲」というが、これとは逆に仲良しであるイヌとサルの展示もあった（『大阪毎日新聞』1911年6月4日）。

民俗学者の齊藤純によれば、箕面動物園は

昔話に出てくる桃太郎をまつった神社までつくろうとしたらしい。当時は、ゆきすぎた西洋化への反省や、国内の伝統文化を再評価する動き、子どもを新たな消費者ととらえる向きもあって、これらがあわさって桃太郎人気が高まっていた。同園では、桃太郎神社建設のために地鎮祭（土地の神をまつって工事の無事を祈る儀式）までおこなわれたが、神社法にそむくということで許可がおりなかった。

イヌ、サル、キジをしたがえて「鬼ヶ島」を征服するキャラクターは、帝国時代の動物園にお似合いといえなくもない。しかし同園内には稲荷神社、つまりキツネを使いとする稲荷神をまつる場所もあり、そばにはキツネを入れたオリを置き、おまけに売店で稲荷ずしを販売したという。もうむちゃくちゃである。齊藤は、ここには「神や仏まで観客や児童向けのアトラクションに取り込んでいく発想がうかがえる」と述べている。

ちなみに箕面動物園は、この地にはむしろ豊かな自然を残したほうがいいということで1916年に閉鎖されたため、短期間しか存続しなかった（阪急はのちに、宝塚新温泉の遊園地に動物園を建設する）。

これ以外にも、阪神電鉄は第2弾の娯楽施設として、阪神パーク（1929年開園、32年改称。動物芸で有名だった）をオープンしている。大阪電気軌道（近鉄）、九州電気軌道（西鉄）、京成電鉄などもおなじ戦略をとった。こうして定着した「動物園＝遊園地」というイメージは、20世紀のあいだ長く存続していくことになる（齊藤　２００４、吉原　１９３２、若生　１９９３）。

以上が、日米欧における動物園誕生のいきさつと、これらをめぐるユニークな文化の紹介であったが、つぎはこの章でもたびたび顔を出していた、カール・ハーゲンベックの「冒険」を紹介しよう。

第3章 恐竜、ドラゴン、「未開人」
——野心的な展示をめぐる冒険

世界をあっといわせたハーゲンベック動物園

１９０７年5月7日、ドイツ最大の港町ハンブルク近郊のシュテリンゲンに、それまでの常識を塗りかえる新型動物園がオープンした。世界的に有名な動物商カール・ハーゲンベック（１８４４〜１９１３）が建てた、ハーゲンベック動物園である。従来のように狭いオリを中心とした飼育をせず、広々とした空間を動物たちがかけまわる、「無柵放養式」とよばれる飼育スタイルをとったことで有名だ。

筆者もかつてここをたずねたことがあったが、２０１９年にふたたび、今度はハーゲンベック動物園資料館のクラウス・ギレ氏の案内のもと、この動物園の驚くべき設計にふれる機会があった。

現在、同園には新設の入場門でチケットを買い、なかに入ることになっている。しかし、ハーゲンベック動物園のオリジナルの設計を知るには、いまも記念物として残る古い入場門（ホッキョクグマ、ライオン、ゾウ、武器をもったヌビア人、アメリカ原住民の彫刻が飾られた優美なデザインをしている。図1）までいって、そこから歩いていくのがベストだとギレ氏はいう。この門をくぐって分岐点を左に進むと、道の両側に木立がならんでいる。その後、ゆるやかに右に曲がっていくと、突然、広大な空間が姿をあらわす（図2）。

そこでは、生態も種類も違うさまざまな生きものがともに暮らしている。手前にはフラミンゴが憩う大きな池があって、そのバックにはシマウマやイボイノシシなど草食動物がいる。さらにその奥にはライオンたちが岩のうえに寝そべり、彼らの背後に巨大な岩山がそびえ、そこをバーバリー・シープが堂々と歩きまわっている。

これが、ハーゲンベック肝いりの「パノラマ」――すなわち、ひとつの風景のなかにさまざまな種類の動物を放し飼いにして、「生きた風景画」をみせるという装置である。

図１：ハーゲンベック動物園の旧入場門

図２：広大な「パノラマ」

じつは、入場門からパノラマにいたる道にも、工夫が施されているとギレ氏は説明する。道のわきにある樹木は、じつはギリギリになるまでパノラマが目に入らないようにするためのスクリーンなのである。そのおかげで、いきなり眼前に広がるパノラマをみたときの来園者の驚きはいっそう大きくなる。

ところでこのパノラマ、異なる動物をいっしょにして、はたして大丈夫なのかと思うかもしれないが、じつは水鳥、草食動物、肉食動物、山岳動物の各エリアは、たくみに隠された道や堀によって分断されている。そして、各エリア間にある道を進めば、また別の風景を楽しむことができるのだ（図3）。

たとえば、水鳥エリアと草食動物エリアのあいだの道に入ったときのことである。ギレ氏が、道の両サイドをみるようにうながした。「ほら、この道からは水鳥はみえないでしょう」といって、水鳥エリアが植生（植物集団）で隠されていることを示す。いっぽうで草食動物エリアのほうは開放されていて、さっきよりも近くから、草食動物やライオンたちをみることができる。おなじ工夫は、草食動物と肉食動物を隔てる道にもほどこされている。来園者がパノラマをうしろから眺めて、幻滅をおぼえないようにするためだ。同様に、動物たちが夜間過ごす飼育舎なども目に入らないようにしている。

図3：開園当時のハーゲンベック動物園の様子（Archiv Carl Hagenbeck GmbH, Hamburg）

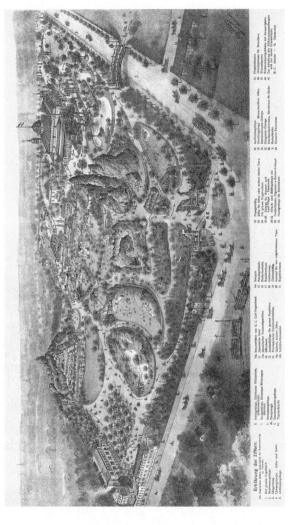

ガイドブックから知るありし日の姿

ハーゲンベック動物園のみどころは、ほかにも数多くある。ただ、いまとむかしとでは若干異なるところもあるので、ここからは、1912年（オープンから5年後）に発行されたガイドブックをもとにしながら、ありし日の動物園をご案内しようと思う。

まず、先ほど紹介したパノラマだ。ガイドブックによると、現在よりはるかに多くの生きものが飼育されていたらしい。それは、「地球上のあらゆる地域・地方を」かぎられた土地に再現するという、きわめて野心的な施設だったからだ。

たとえば草食動物エリアには、インドのコブウシがいれば、アフリカのラクダやシマウマもいるし、北アメリカの野牛、南アメリカのリャマ、ヨーロッパのダマジカもいる。肉食動物はライオンがメインだが、岩山にはヨーロッパのシャモア（山岳にすむウシ科の動物）や、アフリカ、ヒマラヤなどに産するヒツジやヤギの仲間がいた（図4）。

さて、この動物園にはもうひとつ大きなパノラマが存在する。それは「北方パノラマ」と「南極パノラマ」がセットになった施設である（老朽化にともない、オリジナルのものは解体され、原則はそのままだが規模を大きくした新施設にとってかわられている）。こ

図4：「パノラマ」には世界の生きものたちが集結していた（1912年）

図5：かつての「北方パノラマ」の様子（1912年）

ちらのパノラマでも、各種動物が「共生」している。北方展示はカツオドリやウミガラスのいるエリア、海獣エリア（アザラシ、セイウチ）、ホッキョクグマエリアからなりたっている（図5）。いっぽうの南極展示は、ハーゲンベックが南大西洋のサウスジョージア島に派遣した探検隊がもちかえった写真をもとに制作され、オットセイやオウサマペンギンなどがいた。

もうひとつ、現在は味気ない建物になっているが、「中央棟」とよばれる重要な施設があった。ここには動物園の事務所、動物調教ホール、ハーゲンベック社が売買する大型肉食獣やゾウの飼育舎などが組みこまれていた。

ちなみに、ハーゲンベック動物園で展示された動物の数は、開園1年後の1908年の時点で2000にのぼり、ライオン49頭、トラ26頭、ゾウ13頭、シマウマ21頭、キリン3頭、カンガルー12頭、セイウチ3頭、ワニ11匹、ヘビ68匹、ダチョウ48羽、フラミンゴ90羽が含まれる。

動物園のなかの「日本」と「恐竜」

また、ハーゲンベック動物園において重要なのは、「異文化へのまなざし」である。

図６･７：敷地内にある「日本島」

ほかの動物園にみられる大型の異国風飼育舎こそなかったが、目玉として「日本島」があった。鳥居や仏像のほか、（欧米人からみて驚異的な）盆栽があり、さらに池には金魚や緋鯉が飼育されていた（図6・7）。「オリジナルのとおりにつくった」というガイドブックの文章どおりではないかもしれないが、決して悪趣味でもない。

開園してから2年後、1909年にオープンした新しい敷地（いまの動物園の東側）にも、興味深いアトラクションがあった。たとえば異民族の展示、いわゆる「民族展」をおこなう敷地があったのだ。民族展は、年ごとにテーマが変化した。1912年のテーマは北アフリカで、ピラミッド、アブ・シンベル神殿、スフィンクスのほかに、囲壁やモスクのあるアラブの街や、ベドウィン（遊牧民）のテントなどが再現されていた。こうした民族展では、その土地の人びとがじっさいに暮らす様子を演じ、彼らがつくった工芸品も販売されていた。

おなじ区画には、調教された動物が芸をするホールもあった。動物サーカスは、ハーゲンベックが手がける重要な事業だったからだ。さらになんと「恐竜エリア」もあった。もちろん本物ではないが、実物大の模型、すなわちイグアノドン、ディプロドクス、ブロントサウルス（アパトサウルス）を食するアロサウルス、ステゴサウルスを攻撃する

図８・９：動物園に「生息」するディプロドクスと、ブロントサウルスを食べるアロサウルス

ケラトサウルスなどはもちろん、イクチオサウルス、プレシオサウルス、プテラノドンといった、水生爬虫類や翼竜もいる。とうぜん、彼らはハーゲンベック動物園の原則にしたがって、オリのない空間に生息(?)している(Flemming 1912, Hagenbeck 1909, 図8・9)。

この恐竜エリアは、うっかりすると子どもだましのアトラクションと思ってしまうだろうが、筆者の考えでは、それは正しくない。これは地球の全歴史を展示するという、この動物園の目標に沿うものであったし、おまけにハーゲンベックは、本気で生きた恐竜をみつけようとしたからだ。

ここからは、まずはこの動物園をつくったハーゲンベックそのひとに光をあてることにしよう。そして、同園にこめられた意図とは何だったのかを知ったうえで、恐竜をめぐる冒険の話をしたい。

動物商人カール・ハーゲンベック登場

ハーゲンベック(図10)は、幼いころから動物に接して育った。父のゴットフリートは、もともとハンブルクの魚商人であったが、動物展示が趣味で、珍しい個体が手に入ると見世物にしていた。１８４８年のこと、そんな父のもとへ漁師たちが６頭のアザラシを連れてきた。ゴットフリートは、彼らをハンブルクとベルリンで展示したあと、ある事業家に売りつける。これがきっかけとなって、野生動物の売買に深く関与するようになった。

ゴットフリートがベルリンでアザラシを見世物にしたこの時期は、バラバラの領邦にわかれていたドイツを統一すべく、市民が運動している真っ最中だった。やがて、ドイツ北東部を中心におさめるプロイセン王国の政治家、オットー・フォン・ビスマルク（１８１５～98）の主導のもと、ドイツ帝国が生まれる。そして、帝国の力が増すのと軌を一にして、ハーゲンベック一家の商売も拡大していった。

図10：カール・ハーゲンベック

ゴットフリートの息子カールは（以下、ハーゲンベックと表記）、11歳になると、はじめて父とともに動物を買いいれる旅に出たが、帰路、アライグマに脱走されるという事件を経験している。彼が若いころは、動物の管理や輸送についてノウハウがなかったので、ハチャメチャなエピソードでいっぱいだった。

たとえば、ハーゲンベックは1歳ぐらいのクマを輸送することになった。そのさい、いまいるオリから輸送用のオリに移す必要があるのだが、思いどおりに動いてくれない。列車の出発時刻が近づいて、焦ったハーゲンベックは、危険を承知で、クマの前に砂糖を置きながら輸送用のオリまで誘導した。そして機会をとらえて、首根っこをひっつかんで輸送用のオリに入れようとしたのだが、クマは猛然と闘いをいどんできた。すさまじい攻撃で、服も肌もズタズタになったが、それでもむりやりクマを収容して、ふらふらと列車まで運んでいったという。

また、ウィーンである商人からキリンを5頭入手したときのことである。キリンをあつかうのははじめてだったので、とりあえず10人雇って、1頭にふたりずつつけて、家畜小屋から駅まで連れていけばよいと思った。ところが、小屋を開けたとたん、スタッフを引きずったままキリンたちは町中へ飛びだしていった。幸い、まだ早朝でひとがいなかったので、騒ぎになるまえに全部捕まえることができたが、つぎはそうはいかなかった。

イタリアのトリエステに上陸した、ゾウ13頭を含む動物たちを連れかえる途上、ふたたびウィーンに立ちより、積みかえ作業をおこなうことになった。そのさい、子ゾウ7頭を先に小屋から引きだして、列車に乗せようとしたのだが、あるていど道を進んだところで、彼らは叫び声をあげだした。これを聞いた大人のゾウたちはたちまち興奮し、つないであったロープを引きちぎって小屋から走りでたものだから、街の人びとは仰天して逃げまどった。大人ゾウは、子ゾウのところまでやってきて、はじめておとなしくなったのであった。

グローバルな規模の動物収集

これ以外にも、おかしなエピソードを挙げていけばきりがないのだが、そうこうするうちに動物取引の規模も大きくなっていった。はじめはイギリスなど他の国ぐにからの購入に頼っていたのが、やがて「海外派遣員」をとおして直接動物を入手するようになっていく。これが、ドイツ帝国の勢力が増してきたことと連動していたことは、いうまでもない。

海外派遣員は、ハーゲンベックの動物捕獲隊を率いる人びとである。彼らは派遣先で助手を雇い、武器、食料、運搬用の動物、テントにくわえ、原住民との取引に必要なアルコール類、砂糖、米、首飾り、そして銀貨を用意する。原住民の協力なくして、野生動物の捕獲はできないからだ。ハーゲンベック動物捕獲隊は、アフリカの熱帯林であれインドのジャングルであれ、シベリアのステップ地帯であれ、珍しい生きもののいるところならどこにでも姿をあらわした。ハーゲンベック自身は動物の捕獲に関与せず、もっぱらハンブルクから派遣員を送りだし、支援することに専念していた。総司令官として、世界地図を眺めながら、つぎはどこに自分の「部隊」を派遣するかいつも考えていたのだろう。

最盛期には、世界中で20人の海外派遣員が活動し、さらに動物を狩ったり移送したりする原住民が何千人と雇われていた。捕獲した動物を集める拠点は、アフリカ、アジア、ヨーロッパに15カ所もあった。1866年から86年にかけて、ハーゲンベックはライオン1000頭、トラ400頭、クマ1000頭、ハイエナ800頭、ゾウ300頭、サイ80頭、キリン150頭、サル数万匹、爬虫類数千匹、鳥類10万羽(いずれも概数)を輸入したという。輸送途上で死んだものはこれに含まれていない。しかし死亡率は50%に達したともいわれるから、じっさいに捕まえたのはその倍に近いことになる。

ハーゲンベックが新型動物園の設立にこだわった背景には、急拡大しつつあった動物取引のための用地を確保するという実際的な理由もあったのだ。

ハーゲンベック社の能力を物語るエピソードは、1906年、ドイツ領南西アフリカの植民地軍のためにラクダを鞍《くら》、エサ、食料とともに輸送したことである。このとき運ばれた頭数は、なんと2000頭にのぼる。ラクダにまたがった植民地軍は、いわゆる「ホッテントット族」（コイ人）にたいする絶滅戦争をくりひろげた（Baratay 2000, Hagenbeck 1909, Kuenheim 2009)。

動物園で異民族を展示する

ハーゲンベックがおこなった事業のなかには、先述の「民族展」、すなわち非ヨーロッパ人の展示も含まれる。ハーゲンベック動物園が誕生する以前から、民族展はいくつかの動物園で実施していた。

ハーゲンベックがこれに手を染めたのは、1874年のことである。彼はあるとき、友人の画家ハインリヒ・ロイテマンに、トナカイを輸入するつもりだと語った。するとこの友人は、トナカイだけでなく、彼らを飼育している北ヨーロッパのラップランド人

図11：サーミ人たちの様子

（サーミ人）も、テントやソリといっしょに連れてくれれば、さぞ興味深いだろうねといった。

それは画家として、異郷に暮らすひとと動物の様子をセットにして描くことができたら、という思いから出た言葉だったが、このアイデアにハーゲンベックは飛びついた。ちょうどこのころ、動物取引がうまくいっていなかったからだ。

同年9月、彼のエージェントにともなわれて、サーミ人一家がトナカイとともにハンブルクへやってきた。彼らの船が着いたので、さっそく甲板にあがってみると、ハーゲンベックいうところの「小さな、黄茶色の、毛皮に身をつつんだ人たち」がいた。

ハーゲンベックは、自分の屋敷の裏庭にサーミ人を連れていって展示した。そこで彼らは、トナカイといっしょに「日常生活」をする。つまりテントを建てたり、ソリに乗ったり、トナカイを投げ縄で捕まえたりしたのである。母親が赤ん坊に授乳する様子まで公開された（図11）。

この様子をひと目みんと、人びとは早朝から殺到した。それも無理はない。なぜなら当時のドイツ人には——これもハーゲンベックの言葉を借りていうなら——サーミ人は「純粋」で、「自然と親しい」、まごうかたなき「未開人」と映ったからだ。

ハーゲンベックは、サーミ人をベルリンやライプツィヒでも展示した。結果的には、莫大な出費をかろうじてカバーできるほどの収益しかなかったが、それでも彼は、民族展には潜在的な可能性があるのをみてとった。

彼は、自分の民族展のことを、「人類学的・動物学的展示」とよんだ。この名称には、動物だけでなく、人間もセットにして展示することで、異国の風景を可能なかぎり再現する、という意味がこめられている。

つぎにハンブルクにやってきたのはスーダンのヌビア人であった。ハーゲンベックは、かの地で動物収集にあたっていたエージェントに、ヌビア人を「動物、テント、家具、狩猟道具もろとも」ドイツへ送るようにいったのである。1876年から77年にかけて展示を実施し、ブレスラウ、パリ、ロンドンなどをまわっている。パリでは、ジャルダン・ズーロジック・ダクリマタシオンという動物園（１８６０年開園）で展示した。

また77年から78年のあいだは、「エスキモー展」もおこなっているが、ここらへんになるとかなり手慣れたものである。まず、グリーンランドを統治するデンマーク政府の了解を得たうえで、ノルウェー人のエージェントを派遣し、エスキモーたちにヨーロッパで「芸術旅行」をする気はないかと誘いかける。そして父・母・ふたりの娘からなる家族と2名の独身男性を、イヌや生活用品といっしょに連れてくる。彼らは、じつはヨーロッパ人とおなじキリスト教徒だったが、「彼らの風俗、ならわしは古い異教的な伝承にかなり忠実なままである」（ハーゲンベック）。つまり、西洋化していないことが「人類学的・動物学的展示」の欠くべからざる条件だった。

エスキモーの人びとは、パリのほかベルリン動物園などでも展示された。ベルリン動物園園長のボディヌスは、動物園で人間を展示することをはじめはためらっていたが、とうとうその成功を無視できなくなって実施することにしたのである。同園にはドイツ皇帝までやってきて、エスキモーがカヤックを操作するさまを見物した。のちに、ハンブルク動物園（1863年開園）でも数日間展示したが、このときは4万4000人以上がおしよせている。

年を重ねるごとに、ハーゲンベックの「人類学的・動物学的展示」の人気は高まるいっぽうだった。1883年にヴォルガ川流域から遊牧民のカルムイク人をよびよせたときは、お定まりのテント生活をみせただけでなく、歌にダンス、仏教僧のお祈りまでついていた。ベルリン動物園で展示したときは、1日で9万3000人がやってきたという。

セイロン島から来たシンハラ人の展示（1884～86）では、パリのジャルダン・ダクリマタシオンに2カ月半滞在したとき、じつに100万人がおしかけている。この「セイロン展」では人間67名、ゾウ25頭のほか、さまざまな種類のウシや植物標本までもが用意された。それはセイロン島の文化と自然をまるごと展示しようという野心的なものだったが、リアルな生活というよりはむしろ、ヨーロッパ人の目からすれば「本物らしい」生活をみせることが優先されていたらしい。すなわち、ゾウを駆使した作業、曲芸、仮面ダンス、宗教行列など、じつに数百におよぶ演目が用意されていたのである（Hagenbeck 1909）。

図12・13：ハーゲンベックの民族展にかかわった人びと

「本物以上に本物らしい」展示。それは結局のところ、ハーゲンベックのあらゆる民族展にあてはまることであった。当時のヨーロッパ人からすれば、僻地《へきち》に暮らす「未開人」はとうぜん、謎めいた神々を信仰し、大自然のなかで狩猟や遊牧にあけくれ、テントで暮らし、意味不明なダンスをやっていなければならない。ハーゲンベックは、そのイメージにぴったりと思われる民族を選び、展示したのである。そしてヨーロッパ人たちは、彼らをまるで「ふしぎな生きもの」（ハーゲンベックの表現）であるかのように見物していた。

ハーゲンベック動物園に民族展用の敷地があったのは、このような成功体験があったからだ。1912年発行のパンフレットにも、民族展にかかわってきたラップランド人、シンハラ人、アメリカ原住民などの写真が掲載されている（図12・13）。

「パラダイス」の創造

そもそも、ハーゲンベックはなぜ、画期的な動物園を構想するにいたったのだろう。人間や動物を「1枚の絵」として展示する、民族展の影響があったのはまちがいないが、ほかにも「パノラマ」という展示形式が流行していたことも大きい。ここでは、ロター・ディトリッヒたちの研究を踏まえつつ、その経緯についてもふれておこう。

もともとパノラマという語は、円筒形の建物のなかに、巨大な1枚の絵をはりめぐらした装置のことを指す。そうすることで、来館者があたかも別世界にやってきたかのような気分になることを狙ったのだ。天窓から太陽光をとりこんで、まわりに広がる絵にリアリティを与えるいっぽうで、観客からは天窓が見えないように工夫するなど、視覚的なトリックによって没入感を高めようとするものであった。

このタイプのパノラマは、18世紀に発明され、19世紀半ばには一度すたれていたが、世紀末になってふたたび人気を博した。フランクフルトやベルリンなど、ドイツの主だった都市はもちろん、ハンブルク動物園の敷地内にもあった。当時人気だったのは、ドイツ帝国のアフリカ植民地や、北欧の自然をテーマにした展示である。

パノラマでは、もともと巨大な絵が展示されていたが、これに立体的なオブジェを組みあわせる動きも出てくる。いっぽうで、観客の周囲をとりまいていた大きな絵は、劇場のようにつくられた展示の背景へと退いていった。つまり、ジオラマ模型に近い展示がおこなわれるようになったのだ。

ハーゲンベック自身、こういう流れと深いかかわりがあった。たとえば異民族を絵といっしょに展示してみたり、肉食動物を収容するところに背景画をかけたりしていた。こうした経験をもとに、パノラマに生きた動物を組みあわせて、生きたパノラマをつくってやろうと思いつくのは時間の問題であった。彼は、1896年、「自然科学的パノラマ」なる展示法の特許を申請しているが、そこには、自由に動く生きもの（人間を含む）を置いて「生きた」展示をおこなうこと、動物の動きや観客の視線を妨げるような

図14：ハーゲンベックの「氷海パノラマ」

オリや柵は使用しないこと、かわりに彼らの安全のために地形を工夫することがうたわれていた。

ハーゲンベックにいわせれば、従来の動物園は、なるほど動物の姿かたちを理解する助けにはなるだろうが、彼らが自然のなかでどんなふるまいをしているかをみせることはできない。それに引きかえ、人工のオブジェや絵を駆使した「自然科学的パノラマ」は、彼らの生息地に忠実な「見取り図《シャウビルト》」をみせることになるだろう。

そして１８９６年、ベルリン産業・工業博覧会において、画期的な「氷海パノラマ」を展示する。このパノラマは、風景画と人工氷河からなり、ホッキョクグマが自由に歩きまわっていた。さらにその手前のエリアには池があり、アザラシが泳いでいる。そして、ホッキョクグマと他の生きものののあいだは、巧みに隠された堀によって隔てられており、観覧者と動物のあいだにも堀があった。ちなみに、アザラシ25頭、ホッキョクグマ11頭、カモメ27羽、ウ5羽、ウミガラス3羽、シロカツオドリ2羽が展示されていた。

この時ハーゲンベックが試みたのは、亜寒帯風の自然を展示することであったが、かならずしも実物そっくりだったわけではない。パノラマ展示では、本物の景色をそのまま再現することよりも、むしろその「雰囲気」があることが重視されていた（図14）。いずれにせよ、1896年から1904年にかけて、ベルリンに続きハンブルク、ライプツィヒ、ミュンヘン、ウィーン、パリ、さらにはセントルイス万博で同様の展示をしている。

ハーゲンベックは、このパノラマ展示に新しいテーマをくわえながら更新していった。1897～98年、彼はミラノとベルリンで「パラダイス・パノラマ」と称する展示をおこなった。奥のエリアに肉食動物を、観客に近いほうのエリアに草食動物や鳥類を配し、背景画、池、擬岩、樹木を使って雰囲気満点にした。

ただしここでも、彼は特定の地域の自然をそのまま再現しようとしたわけではなかった。それは動物の種類にもあらわれている。たとえば肉食動物ならライオン、ヒョウ、ハイエナのほかにホッキョクグマがおり――いずれも調教された動物だったようだが――草食動物はゾウ、シマウマ、ラクダなどにくわえてアルパカ（南米産）やカンガルー（オーストラリア産）もいた。バラバラの土地に産する生きものが同時に展示されていたのだ。

むしろここで彼がめざしたのは、「パラダイス・パノラマ」という名からもわかるように、肉食・草食を問わず、生態も故郷も違う動物が、広大な敷地で共存する（ようにみえる）という、世界のどこにもない一種の楽園を創造することであった。そしてこの「パラダイス」というアイデアは、彼が一連の展示をおこなううちに胸中で温めるようになった、新型動物園にも適用されることになる（Dittrich 1998）。

「テーマ・ズー」の先駆け

1897年、ハーゲンベックはパノラマで得た収入を使って、ハンブルク近郊にあるシュテリンゲンの土地を購入する。そして、「芸術家、技術者、建築家、造園家それに労働者たちの一団が仕事にかかると、この地はたちまちアラジンの魔法物語の一場面のようになった」（ハーゲンベック）。事実そこには、世界に類をみない、まったく新しい施設が出現した。

ハーゲンベック動物園の核となるのは、先ほど紹介した、岩山が背後にそびえる巨大なパノラマ展示である。岩山を支えるのは木と鉄をもちいた骨組みで、これを金網でおおい、しっくいで仕上げをする。花崗岩の漂石（迷子石）や石材（一部はハンブルク港の古い壁から手に入れた）も使用した。そしてセイロン人がまたがったゾウが重機がわりになって、これらを積みかさねた。

展示の内容はすでに述べたとおりだが、ハーゲンベックは「［パノラマがもたらす］幻想は完璧だったので、ほとんどの来園者たちは堀をのぞきこんではじめてこの設備の実態を理解することができた」と誇らしげに語る。

この動物園がオープンしたとき、その展示は画期的なものであるとの評価が一般的だった。動物たちが自由に動きまわる様子が新鮮に映ったのである。最初の１９０７年には約80万人が、翌年には約96万人が訪問し、さらに１９０９年には１００万人以上の入園者を数えた。

ところが他の動物園関係者は、ハーゲンベック動物園のことにあえてふれようとせず、距離を置いたままだった。しかしこの動物園が、すぐそばにあった伝統的なハンブルク動物園から入園者を吸いあげていくのをまのあたりにして、はじめて口にするようになった。しかも、その内容は批判的なものだった。

たとえばパノラマ展示は、あらゆる種がいっしょにいるのを遠くから眺めるだけなので、人びとが種を特定するのを妨げる。できるだけ多種多様な生きものを展示し、教育に役だとうとする動物園の立場からすれば、ハーゲンベック動物園は、しょせんは大がかりな見世物、「万華鏡みたいなところ」であった。そもそも、自然に忠実な飼育エリア――アザラシやワニのすむ地域を模したもの――は、他の動物園でも導入されはじめていたのであって、ハーゲンベック動物園はそれらを結合したものにすぎない、とも指摘された。

しかしこうした批判的な意見は、肝心なところを見落としている。史学者ナイジェル・ロスフェルスがいうように、ハーゲンベックがもたらした本当の革命とは、「彼のもとにやってきた動物たちには、自由と平和が約束されている」というストーリーを動物園にあてはめたことである。つまり、実験的な展示をしていたころから育っていた「世界のどこにもないパラダイスをつくる」というアイデアが、ハーゲンベック動物園のパノラマ展示を貫いているのだ。

ロスフェルスによると、近代動物園が成立してこのかた、狭いオリのなかに動物を閉じこめているという批判がわきおこるようになった。動物園が市民たちの憩いの場になったのはいいが、狭苦しい環境で意気消沈している動物たちの姿は、むしろそれを妨げるものとみなされるようになったのだ。

これにかわってハーゲンベックが提示したのは、優しいおじさんがつくった楽園では、血塗られた野生空間や残酷な人間の手を逃れて、すべての生きものが何不自由なく、のどかに暮らしている、という物語だった。それはまた、生きものたちを大洪水から救ったという「ノアの箱舟」の再話でもあったが、このアプローチは戦後多くの動物園がとりいれることになる(Dittrich 1998, Hagenbeck 1909, Rothfels 2008)。

展示にストーリーをもたせることは、テーマ化という。テーマ化のわかりやすい例としては、映画の物語を3次元の世界で再現したディズニーランド(1955年開園、アナハイム)が挙げられる。ウォルト・ディズニーの遊園地は元祖「テーマ・パーク」だったが、ハーゲンベックの動物園は、元祖「テーマ・ズー」にあたる。

たしかにオリのない展示そのものは、批判者たちがいうようにすでに試みられていたかもしれない。人びとを異郷の地にいざなうという発想も、前章でとりあげた異国風の飼育舎に認められる。ハーゲンベック動物園は、同様のアイデアを広大な敷地に置きかえたものだったたといえよう。

だがハーゲンベックの天才性は、ゼロからものをつくったことにあるのではない。遊園地と映画技術を組みあわせて、世界初のテーマ・パークをつくったウォルト同様、すでにある技術を、かつてないかたちで組みあわせて、新しいものを生むことにこそ、その才能があったのだ。

世界の縮図にして、歴史の縮図

ちなみにハーゲンベック動物園には、もうひとつ、おもしろい側面があると筆者はいいたい。それは、この動物園は「世界の縮図」であると同時に、「地球の歴史の縮図」でもあろうとした、という点だ。

先述したように、この動物園のパノラマでは、ヨーロッパ産、アフリカ産、アジア産、アメリカ産の生きものが肩をならべていた。これが、世界中の地上の風景を圧縮したものであるということは、すぐ理解できるだろう。しかしハーゲンベックの目は、現代の世界だけでなく、過去の世界にも向けられていた。

図15：ハーゲンベック動物園の岩山

たとえばこのパノラマは、じつは地球の歴史もあらわしていた。すなわち、バックをなす人工の岩山は、地球誕生後に地殻変動がおこったプロセスを示している。山のてっぺんは火成岩でなりたっているが、これは堆積岩を突きやぶってうえまでおしあげられたマグマのなごりである（粘板岩の破片がくっついている）。岩山の右側には堆積岩（泥灰岩や砂岩）が再現され、左側と背後は堆積岩が気候変動で風化していったさまが表現された（図15）。

このように、「いまの世界」と「過去の世界」の両方を視野におさめようとする点が、ハーゲンベックのスケールの大きいところなのである。

じつはこれは、ハーゲンベックが早くから手を染めて、動物園の敷地でもおこなうようになった民族展にもあてはまる。19〜20世紀は、「生きものはしだいにかたちをかえて異なる種になってゆく」という「進化論」が脚光を浴びた時代であり、民族展は「人類の進化」を確認する場だったからだ。

進化論は、早くはフランスの博物学者ジャン＝バティスト・ラマルク（1744〜1829）が提唱していた。彼は、無機物のなかから単純な生命体が生まれ、それがしだいに複雑な生きものへと進化していくと考えたが、これは「前進」や「進歩」を重んじるフランス革命に共鳴するものだった。またラマルクは、前の世代がものにした形質は、子孫に遺伝していくともとなえていた。「ある動物が、高いところにある食べものをとろうと首をのばしているうちに、代々首が長くなっていって、いまのキリンになった」というふうに。

彼以上に大きなインパクトを与えたのは、イギリスの博物学者チャールズ・ダーウィン（1809〜82）である。彼は、ある生きものの集団が、ある空間で生存競争をくりひろげるうちに、その環境に適さない個体は滅びてしまうと考えた。そして、運よく生きのこった個体のあいだで遺伝が受けつがれていく。その結果、長い年月をかけて、その生物集団のかたちはじょじょに変異し、新しい種となる。つまり、ひとつの種から新しい種が「枝わかれ」していくのであり、現在のすべての種は、こうして成立したのである。

ダーウィンが『種の起源』(1859)でこの説を発表すると、大変な反響をよんだ。それまでの進化論に比べて、根拠がしっかり積みあげられていたからである。そして、彼の考察はおのずから、動物の起源のみならず、人間の起源についても思いをめぐらすきっかけとなった。ダーウィンの説をあてはめると、人間もまた、生きものが枝わかれしてゆく過程で出現したことになる。そこで視野に入ってくるのがサルである。人間とサルはとても似ているから、おそらく共通の祖先をもっており、ある時点で枝わかれして異なる種となった、と考える人びとが出てくるのはとうぜんだった。

とりわけチンパンジー、オランウータン、ゴリラのような類人猿は、人間にきわめて近い種とされたから、彼らが動物園に展示されると来園者がどっとおしよせた。なかでもゴリラは、1847年にその存在が発見されたばかりで、その約30年後にベルリン水族館ではじめて展示されたときは大変な話題となった。さらに類人猿が死ぬと、その死骸をめぐって学者たちがとりあいをした。ダーウィンの説に反対だろうと賛成だろうと、解剖して人間との関係をはっきりさせなければならなかったからである。

しかも、人間とサルがおなじ祖先をもつという「サル仮説」は、もっと単純化したかたちで社会に浸透した。それは「サルが人間に進化した」というものである。

だが西洋人からすれば、世界の産業をリードする自分たちこそ、いちばん「進化」しているると信じたい。すると、ヨーロッパから遠く離れて「自然と親しく」暮らしている民族、とくに狩猟などをして生活しているひとたちは、むかしの発展段階のままにとどまっているという解釈になる。この解釈なくして、人間を動物園で展示できるわけがない（Flemming 1912, Hochadel 2010, 横山 2018）。

何がいいたいのかというと、ハーゲンベックの民族展は、ただたんに世界の珍しい民族をみせたというだけでなく、野生生活から文明生活にいたる、人類の歴史をみせるものでもあったということなのだ。19世紀のヨーロッパにおいて、現在の世界にたいする興味と、過去の世界にたいする興味はわかちがたく結びついていた。

ハーゲンベックの「恐竜エリア」と進化をめぐる論争

ハーゲンベック動物園の「恐竜エリア」も、この点から理解するべきだろう。大むかしに恐竜が存在したことは、19世紀になってはじめて知られるようになった（プレシオサウルスなど水生爬虫類はそれ以前から発見されていた）。イギリスのウィリアム・バックランドは、化石の断片から「メガロサウルス」を、ギデオン・マンテルは「イグアノドン」をそれぞれ命名した。さらにこれらは、リチャード・オーウェン（1804〜92）によって「ディノサウリア」（恐竜）というカテゴリーにおさめられる。

発見された時代が時代なだけに、恐竜は生物進化をめぐる論争にたちまち巻きこまれた。たとえばオーウェンは反進化論者で、恐竜は神のつくった設計にもとづいて発展したのちに滅んだのであって、他の生物に進化したのではないとみなした。いっぽうでダーウィン支持者のトマス・ハクスリーは、『種の起源』発表直後にドイツでみつかった「アーケオプテリクス」（いわゆる始祖鳥。鳥と恐竜の特徴をもつ）の化石をもとに、鳥と恐竜はおなじ祖先から進化したのであると主張していた。これを意識してか、ハーゲンベック動物園には抜け目なくアーケオプテリクスの模型が置かれていた（図16）。

つまり、地球の誕生から現代にいたる道のりを1枚の絵にしたいハーゲンベックにとって、いまの自然（文化）のみならず、過去の自然（文化）も展示対象となりうるのである。じつは、ハーゲンベックにこの面で影響を与えたらしいモデルも存在する。クリ

図16：アーケオプテリクスのいる風景（1912年のガイドブックより）

スタル・パレスの恐竜像である。

　クリスタル・パレスは、もともとロンドン万国博覧会用につくられた、鉄骨とガラスからなる巨大な建物だが、万博ののちロンドン郊外のシデナムに移設された。そして第２章でふれたように、なかには「エジプシャン・コート」のような、古代文明や異文化をテーマにした展示があった。またその外に広がる庭園には、イグアノドンやメガロサウルスの模型が置かれていて、まさに自然と人類の歩みをひとつにして展示していた（図17）。文化史家アレクシス・ドヴォルスキーが指摘するように、ハーゲンベックは民族展のためここをたずねたことがある（Dworsky 2011, Flemming 1912）。

　しかし、ここでもうひとつ、つけくわえねばならないことがある。それは、ハーゲンベックは、まだ地上のどこかに恐竜がいるかもしれないと考え、その捜索をおこ

図17：クリスタル・パレスの敷地跡に残る恐竜像

なっていたということだ。

未知の生きものを求めて

このころ、未知の生きものが発見され、動物園ではじめて紹介されることがたびたびあった。ハーゲンベック自身、これにかかわっている。

たとえば、ハーゲンベックのヨーゼフ・メンゲスという海外派遣員は、ソマリランド（アフリカ東岸）に立ちよって、珍しい生きものがいないか探索したことがある。そのさい、彼が発見してドイツに送った動物に、奇妙な種がいた。青みがかった灰色の、足に縞がある野生ロバである。

明らかに珍種であるにもかかわらず、どの

動物園も買おうとしない。するとたまたま、ハーゲンベックのところに宰相《さいしょう》ビスマルクがやってきた。彼はたちまちこのロバに注目し、「わたしは動物学者ではないが、ひと目みれば、こいつは新しくて珍しい種に違いないとわかるよ」といった。ビスマルクの直感は正しかった。のちにロンドン動物園がこの個体を購入し、新種であることをつきとめる。ソマリノロバである。

彼の名声をさらに高めたのは、コビトカバの獲得である。コビトカバは、１８４４年、西アフリカに由来する骨格にもとづいてはじめてその存在が確認された。１８７３年に、生まれたばかりの幼体がシエラレオネの原住民によってつかまり、イギリス総督の手を介してダブリン動物園に移送されたものの、到着してすぐに死んでしまう。スイスの動物学者ヨハン・ビュティコーファーも、リベリアで観察に成功したが、それでもなお、それがたんなる小さなカバではないかと疑う人びとが多かった。

だがハンス・ションブルクというアフリカ研究者が、コビトカバはたしかにいるという情報を得てハーゲンベックを説得し、その支援を受けてリベリアでとうとう5頭捕獲することに成功。１９１２年にハーゲンベックのもとへ無事送りとどけ、さらにうち3頭がブロンクス動物園にわたった（91ページ）。この事件が、人びとを熱狂させたことはいうまでもない。ハーゲンベックは、ほかにもセイウチやヒョウアザラシなど、当時珍しかった生きものの獲得に熱心だった（Dittrich 1998, Hagenbeck 1909）。

そして、こうした未知の生きものを発見するのに欠かせないのが、捕獲隊に原住民がもたらしてくれる情報であった。それが誇張であったり、ウソだったりすることもあるかもしれないが、よく吟味すると新発見につながることも珍しくないという。そんな彼が重視した情報のひとつが、恐竜の生き残りにかんするものだった。彼の自伝『動物とひと』（１９０８、初版）には、つぎのような文章がある（少し長いので、読みやすくするようところどころに改行を入れた）。


しばしば、土着の人びとの芸術生活に由来する、原始的な伝承が知られざる動物種の存在を示すことがある。

たとえば2、3年前、わたしはまったく異なる情報源から、ローデシア［アフリカ南部］の奥地の岩や洞窟にある、そのような絵画について報告を受けた。そのひとつはわたしの派遣員から、もうひとつは大物の野獣を狙って狩りにいっていた、あるイギリスの高官からもたらされた。前者は南西から、後者は北東から大陸内部へと進んだ。

奇妙なことに、ふたりの報告は、原住民がある怪物の存在を語ったという点で一致していた。それは半分ゾウ、半分ドラゴンで、到達不能の沼にいるという。そういえば数十年前、優秀な派遣員メンゲス氏が、似たような伝説的な生物について報告していた。彼は１８７１年に、ゴードン＝パシャとともに白ナイル［ナイル川上流］を探検したことがあったのだ。また、原住民が洞窟の壁に描いたこの生きものの絵は、アフリカの奥地に存在する。わたしが知るかぎり、ブロントサウルスの一種がかかわっているとしか思えない。

これらの報告は、かくも異なった筋からもたらされたにもかかわらず一致していたから、この生物はいまもなお存在しているに違いないとほぼ確信するにいたった。わたしはかなりの額を費やして、かの地へ探検隊を送りこんだが、彼らはなすところなく帰ってくるしかなかった。到達困難な、数百キロにわたり全方位に広がっている沼地において、派遣員が重度の高熱に襲われたからである。そのうえかの地にはとても陰険な原住民がいて、何度も襲ってきて前進を阻んだ。

だがわたしは、この生物が存在するという証拠をわれらの動物学にもたらすことをあきらめていない。そうすれば、さらなる発見のきっかけにもなるだろう。とうのむかしに絶滅したと考えられていた動物が、いまも生存することを人びとが確信したら、そのほかの、未知のままでいる種の探索にはずみがつくことだろう。

「2、3年前……」という記述から、ハーゲンベックが少なくともこの本を出す直前まで恐竜を探していたことがわかる。望みを達成していたら、ハーゲンベック動物園は大がかりなパノラマ展示をした動物園としてではなく、正真正銘の「ジュラシック・パーク」として世界に名をとどろかせたに違いない。

彼の告白は、驚きをもって受けとめられた。『スフィア』紙（1910年1月8日、図18）によると、現地のローデシア博物館の科学者はすぐに、現住民からそんな動物にかんする報告など受けたことはないと述べた。だがしばらくすると、それをみたという原住民がふたりあらわれる。彼らによれば、その生きものはワニの頭と尾に、サイの角、ヘビの首、カバの胴体がついた姿をしていた（ただし、水中を前進するためのヒレがあったという）。

ちなみに、未確認生物研究者ダニエル・ロクストンらがいうように、このハーゲンベ

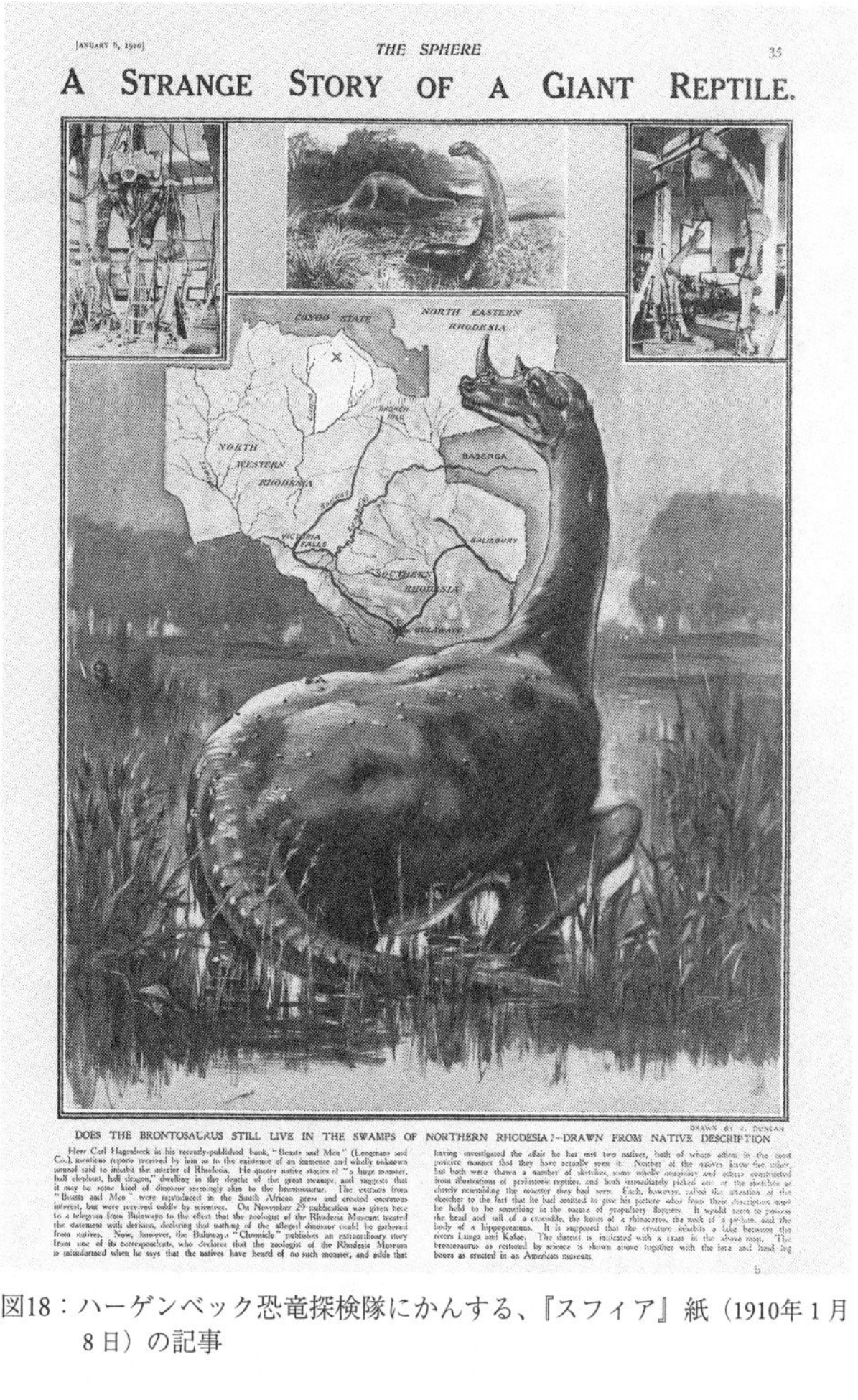
[JANUARY 8, 1910] THE SPHERE 35

A STRANGE STORY OF A GIANT REPTILE.

DOES THE BRONTOSAURUS STILL LIVE IN THE SWAMPS OF NORTHERN RHODESIA?—DRAWN FROM NATIVE DESCRIPTION

Herr Carl Hagenbeck in his recently-published book, "Beasts and Men" (Longmans and Co.), mentions reports received by him as to the existence of an immense and wholly unknown animal said to inhabit the interior of Rhodesia. He quotes native stories of "a huge monster, half elephant, half dragon," dwelling in the depths of the great swamps, and suggests that it may be some kind of dinosaur seemingly akin to the brontosaurus. The extracts from "Beasts and Men" were reproduced in the South African press and created enormous interest, but were received coldly by scientists. On November 29 publication was given here to a telegram from Bulawayo to the effect that the zoologist of the Rhodesia Museum treated the statement with derision, declaring that nothing of the alleged dinosaur could be gathered from natives. Now, however, the Bulawayo "Chronicle" publishes an extraordinary story from one of its correspondents, who declares that the zoologist of the Rhodesia Museum is misinformed when he says that the natives have heard of no such monster, and adds that having investigated the affair he has met two natives, both of whom affirm in the most positive manner that they have actually seen it. Neither of the natives knew the other, but both were shown a number of sketches, some wholly imaginary and others constructed from illustrations of prehistoric reptiles, and both immediately picked out one of the sketches as closely resembling the monster they had seen. Each, however, called the attention of the sketcher to the fact that he had omitted to give his picture what from their description must be held to be something in the nature of propulsory flippers. It would seem to possess the head and tail of a crocodile, the horns of a rhinoceros, the neck of a python, and the body of a hippopotamus. It is supposed that the creature inhabits a lake between the rivers Lunga and Kafue. The district is indicated with a cross in the above map. The brontosaurus as restored by science is shown above together with the fore and hind leg bones as erected in an American museum.

図18：ハーゲンベック恐竜探検隊にかんする、『スフィア』紙（1910年1月8日）の記事

ックの文章は、トップスター級の未確認生物「モケーレ・ムベンベ」の伝説が生まれるきっかけとなるものであった（Hagenbeck 1908, ロクストン ２０１６）。

１９１２年には、ある有名な探検小説が出版されている。アーサー・コナン・ドイルの『ロスト・ワールド』である。そこでは、主人公のチャレンジャー教授が、南米の奥地を探検し、「メイプル・ホワイト台地」のうえに恐竜はもちろん、人間とサルの中間形態とおぼしき生きものや、人間ではあるが「未開」な人びとがすんでいるのを発見する。

ドイルが描きだした「失われた世界」は、恐竜から「未開人」までそろえていたハーゲンベック動物園の姿そのものである。そのうえハーゲンベックの恐竜探索は、この小説に先行していたのだ。ハーゲンベック動物園は、フィクションより一歩も二歩も先んじていたといっても、過言ではない。

世界ではじめて展示された「ドラゴン」をめぐる冒険

ハーゲンベックにまつわる話題ではないが、恐竜探検とあわせて紹介しておきたいエピソードがある。じつは、かつて動物園が展示しようとしたのは、恐竜だけではない。

ドドラゴン」もその対象だった。ただしこちらは現存する生きもので、「コモドドラゴン」という。日本の正式名称はコモドオオトカゲで、当時オランダが領していたインドネシアのコモド島、リンチャ島など、ごくかぎられた地域にすむ、最大3メートルに達する肉食の爬虫類である。敏捷で、スイギュウのような大型の生きものを襲うため、人間にとっても危険である。

1910年代まで、この魅力的な生きものの存在はほとんど知られていなかった。ただ、商人や漁師のあいだでは、かの地域を一種の「陸ワニ」が徘徊しているといううわさがあった。それを確認するために、行政官ジャック・ファン・ステイン・ファン・ヘンスブルクはコモド島を訪問する。彼は1頭のコモドオオトカゲを発見・射殺し、その写真と皮を、ボイテンゾルフ（いまのボゴール）の動物博物館・植物園園長ピーター・オーウェンスのもとに送った。

これをみたオーウェンスは、さっそく捕獲員を派遣、死んだものと生きたものをそれぞれ2頭ずつ入手し、これをもとに「ワラヌス・コモドエンシス」（*Varanus komodoensis*）と命名して1912年に発表した。その後、別の皮と頭骨がオランダのライデン博物館に送られ、その調査結果も1915年に公表されたが、折悪しく第1次大戦の真っ最中で、新種どころの騒ぎではなかった。

戦後、ふたたびコモドオオトカゲへの関心が高まってゆく。たとえば、アドルフ・フリードリヒ・フォン・メクレンブルクは1923年に4頭を殺し、うち1頭をベルリンに送った。『イヴニング・スター』紙も、1926年8月9日の記事でこの生きものをとりあげている。ある英国の飛行士がコモド島に立ちよったとき、巨大な爬虫類が捕らえられているのをみたが、それは大きなかぎ爪をもち、まさに伝説の竜を思わせるものだったという。同記事は、コモド島は、ドイルが小説で書いた「『ロスト・ワールド』の断片なのか」と問いかける。そして、もしかの生物が実在するのなら、ぜひワシントンの動物園に展示すべしとしめくくっている。

その回答は、意外に早くもたらされた。『サンデー・スター』(『イヴニング・スター』の別名)は、おなじ年の9月19日に、「〝恐竜〟島に君臨す」という見出しとともに、ウィリアム・ダグラス・バーデンなる男が、「コモドドラゴン」を生きたまま連れかえることに成功したことを、大きな写真つきで報じている(図19)。

それによると、コモドオオトカゲは「世界が創造されたときの最初の一族」に属するが、その故郷は自然も人間も動物もみんな「原始的」な地域である。バーデンが語ったところによれば、大英博物館の小冊子をとおしてこのトカゲのことを知り、ぜひ捕まえんと欲して、妻たちとともにコモド島に上陸した。やがてくだんの怪物を発見、撃ち殺したところ、胃のなかからブタやらシカやらが出てくる。

この恐るべき生きものを征服するため、バーデンは巧みに罠をしかけ、みごと生きたまま9頭を捕獲、うちもっとも大きな2頭を鋼鉄のワイヤーからなるオリに入れてニューヨークに凱旋、ブロンクス動物園にゆずりわたした。だが、彼らは危険きわまりないので、飼育員は木製の盾をもってオリのなかに入るのを習慣としている——。

20　THE SUNDAY S

'DINOSAURS' RULED SUPREME ON ISLE

Reptiles Recently Brought to Bronx Zoo Trapped by Bent Trees.

A CREATURE FROM "THE LOST WORLD"

Scaly monster landed in New York after capture on the Island of Komodo in Dutch Malaysia. He is believed to be a descendant of the carnivorous dinosaur.

Special Dispatch to The Star.

NEW YORK, September 18.—From the world that once was—a world over whose unfinished surfaces crawled great scaly monsters, and whose air was filled with winged terrors well nigh as formidable as any described in the pages of mythology—there have come to New York two ambassadors.

1,000,000 Years Old.

laysia, before setting out for the little island of Komodo, they engaged a band of natives to act as servants on the most important phase of the trip.

One Harbor on Island.

According to Mr. Ditmars, there is one good harbor on the island where, according to the few explorers who have touched upon it, the tide sets in at a furious rate which tends to discourage its use. It was there the party made their landing and pitched camp.

Soon after their arrival specimens of the Varanus Komodoensis were shot by members of the party, whom, it is said, were amazed to find in the creature's stomachs, the heads and parts of the bodies of pigs and small deer.

Simple Traps Used.

ing to Mr. Ditmars, about 150 pounds each in weight.

"This powerful brute is partial to the jungles. Few sportsmen have been through such country without occasionally being startled by the rush of a monitor ahead, making as much noise as some hoofed animal as it tears its way through the undergrowth. * * *

Uses Terrier's Methods.

図19：「コモドドラゴン」の捕獲と展示を報じる、『サンデー・スター』紙の1926年9月19日の記事

ブロンクス動物園のコモドオオトカゲは、センセーションを巻きおこし、1日だけで3万8000人もの人びとがおしかけた。こうなったらほかの動物園も黙ってみているはずがない。1926~27年にかけて、アムステルダム、ロッテルダム、ロンドン、ベルリン、フランクフルトの動物園でコモドオオトカゲが展示されており、このあとも続々と海をわたった。とくにベルリンとフランクフルトにいた個体が長生きして、ひとになついて愛されたが、ともに第2次大戦が原因で死んでいる(Barnard 2011, Lutz 1991)。

ちなみに、「南の島から未知の生きものを捕まえてくる」という行為は、冒険・パニック映画『キング・コング』(1933)を想起させる。恐竜が徘徊する島で巨大ゴリラを捕獲、ニューヨークに連れてくるというのがそのストーリーだが、じつはバーデンの探検から直接インスピレーションを受けて制作されたといわれている。

「ジオ・ズー」の誕生――ヘラブルン動物園

さて、話をいったんドイツにもどそう。ハーゲンベック動物園は、動物園関係者の反発を食らったが、その斬新さは誰の目にも明らかだった。やがて、その展示法をとりいれた動物園が登場する。ミュンヘン(南ドイツ)に誕生したヘラブルン動物園はそのひとつだ。

同園は、ミュンヘンのエリートが「動物園協会」を結成し、バイエルン王家の摂政宮ルイトポルト・フォン・バイエルンや企業の応援を得て、1911年にオープンした。設計をまかされた建築家エマヌエル・フォン・ザイドルは、ハーゲンベックのアイデアをとりこみながら複数のエリアをデザインしている。

たとえばルイトポルトの名を冠したエリアは、パノラマ型で、かつストーリー性のある展示をおこなった。はじめ来園者は、手前の池にツル、アオサギ、コウノトリが、背景にシカたちがいる光景をみる。ついで坂をのぼっていくと、そこには岩山状の展示があり、ふもとにヒグマが、てっぺんにシャモアがいる。さらにそこからくだるときは、リャマ、ラクダ、シマウマなどが平和に草をはむ光景を眺めることができた。

ほかにもハーゲンベックの施設をモデルにしたアザラシ、ホッキョクグマ、ウのエリアがあり、ライオンは神殿の廃墟風の「ライオン・テラス」をあてがわれていたが、いずれもオリをもちいず、堀や隠された柵によって脱走を防ぐ方法がとられている（そうでない飼育舎もあったが）。

1914年には、ヘラブルン動物園はゾウ舎（図21）をオープンする。エジプト風の

図20：1931年当時のマップ。左下から反時計回りに、ヨーロッパ、アジア、極地方（北極、南極）、アフリカ、オーストラリア、アメリカのエリアがある

柱を備えた堂々とした建物だったが、直前に第1次大戦が勃発してしまった。ゾウ舎建設にともなう巨額の負債をかかえたまま、同園は戦時中の財政悪化に苦しみ、戦後の1922年にとうとう破産、動物たちはほかの園やサーカスに売られていった。

　だが、ヘラブルン動物園がほんとうの重要性をもつのは、じつはこのあとなのである。ミュンヘンの有志たちが、富くじの販売で得た収入をもとに同園を再開することを決定、動物学者ハインツ・ヘック（1894〜1982）を園長に招いた。

　彼は、次章でとりあげる兄のルッツとおなじく、ベルリン動物園園長ルートヴィヒ・ヘックの息子である。同時に、カール・ハーゲ

図21・22：1914年公開のゾウ舎と、今日の「ヨーロッパ・エリア」にいるモウコノウマ。ヘラブルン動物園は、みずみずしい緑にあふれた空間が魅力的である

ンベックの息子ハインリヒの婿にあたり、ハーゲンベック式展示をさらに改善した「ジオ・ズー」というコンセプトをもっていた。すなわちヘラブルン動物園は「動物地理学的展示」をとりいれることにしたのである。

ハーゲンベックは、全域の生きものをひとつのパノラマのなかで飼ったために、各地の自然に忠実でないと批判を浴びた。これにたいして、ヘラブルン動物園では地理的な区分、たとえばヨーロッパ、アジア、アフリカ、アメリカに対応したエリアをもうけ、それぞれの地域に由来する動物たちをセットにしたのである（図20）。たとえばアジア・エリアなら、手前にアジア産の草食動物を配置し、奥にシベリアトラやユキヒョウを置く。こうすることで、アジアの風景を「1枚の絵」として観賞することができた。

いっぽうでヘックは、ホッキョクグマとヒグマの交配や、トラとライオンの交配といったことに異様な関心を示したので知られる。たとえばヘラブルン動物園には、「ヘラ」というホッキョクグマとヒグマの子がいたが、ヘックはヘラが「祖先に似た姿をしている」とみなしていた（Dittrich 1998, Hirsch 1986, Zedelmaier 2011）。

これは、すべての種は他種から枝わかれしてきたという、ダーウィンの理論に由来する。ヘックの考えでは、ホッキョクグマとヒグマの祖先は共通だ。ならば、その祖先は両方の特徴を備えているであろう。ということは、これらのあいだで生まれた子は、祖先の姿に近いのだ（！）。つまり、絶滅動物の復元に関心があったのである。ナチス・ドイツ時代のトンデモ計画にもかかわる話なのだが、これについては彼の兄ルッツとともに、次章で紹介することにしよう。

東山動物園――日本のハーゲンベック型動物園

ハーゲンベックに影響を受けてつくられたもうひとつの動物園に、名古屋市東山動物園（いまの東山動植物園）がある。同市にはもともと名古屋市立鶴舞公園附属動物園（1918年開園）があったが、敷地が狭かったために東山公園に移転することが決定する。この新動物園の園長をつとめたのが北王英一で、彼はまだ鶴舞に動物園があったときに天王寺動物園からやってきて、10年そこで働いていた。

やがて1933年に、ハーゲンベックの息子ローレンツが、サーカス団を率いて日本を訪問する。よく調教された動物たちに日本人は目を丸くしたが――ハーゲンベックは暴力をもちいない調教法をあみだしていた――北王は、このときローレンツから最新の動物園について学び、その後、彼から資料を送ってもらった。これが、東山動物園のデザインに役だつこととなる。なお静岡県立美術館館長で動物園史にもくわしい木下直之によると、ハーゲンベック・サーカスがやってくる以前から、北王はハーゲンベック動物園を理想像とみなしていたらしい。

東山動植物園がオープンしたのは1937年のことであった。『東山動物園要覧』（1943）によれば、開園当時はハーゲンベック動物園から購入したホッキョクグマ、カバ、シマウマ、「角馬」、ペンギン、サルのほか、鶴舞で飼っていたゾウ、ライオン、ヒョウ、トラ、マントヒヒ、オランウータン、チンパンジー、マレーグマ、ニシキヘビなどがいた。

同園のいちばんのみどころは、「アフリカン・ステップ」と「北極パノラマ」（図23）で、いずれもハーゲンベックの展示をモデルにしていた。アフリカン・ステップでは、奥のほうに岩壁を背景としてライオンたちを配置し、その手前にシマウマやダチョウを飼っている。

「北極パノラマ」は白セメントで氷山を模したジオラマをつくってホッキョクグマを放ち、前にある池でアザラシやオットセイを飼った。いずれも、オリをもちいず堀で脱走を防いでいることはいうまでもない。さらに、1938年には恐竜模型が製作され、い

図23・24：東山動物園の「北極パノラマ」と恐竜像

まも残っているが（図24）、これも明らかにハーゲンベック動物園の影響だろう（北王1943、木下 2018）。

しかし、『東山動物園要覧』を読んでいると、オープンした1937年以降、たびたび防空演習をおこなっていることが目につく。この年のうちに日中戦争が勃発、日本は、そして世界中の国ぐにが、恐るべき大戦争へとつきすすんでいくこととなる。ライオンたちが寝そべるアフリカン・ステップの上空に、暗雲が垂れこめていた。

第4章
動物園の世界大戦

戦争勃発！　動物園はそのとき……

戦争のさなかにおきた動物園の悲劇といえば、『かわいそうなぞう』（文・土家由岐雄、画・武部本一郎）という絵本が有名である。そこでは、上野動物園の人気者だった「ジョン」、「ワンリー」（花子）、「トンキー」という3頭のゾウが、殺処分命令にもとづき餓死していくさまと、飼育員の苦悩が描かれている。

じっさい、第2次大戦中は上野動物園のみならず、日本中の動物園でこうした殺処分がおこなわれた。いっぽうで、これは日本だけの問題だったのかという疑問もわいてくる。似たような光景は、イギリスやドイツといった大戦の参加国でもみられたのだろうか。

結論からいえば、程度はさまざまとはいえ、これらの国ぐにおいても、動物園の生きものたちは戦争にふりまわされ、命を落としていった。戦争・動物史学者のジョン・キンダーが指摘するように、もともと、動物園の生きものたちはいつも微妙な立場に置かれている。彼らは地域や国のアイコンとして親しまれるかと思えば、ひょんなことから危険で排除すべきものとみなされる。戦争がはじまるたびに、それこそ世界中で、動物園の生きものたちは「爆撃され、撃たれ、拷問され、飢えさせられ、虐殺され、食べられて」きたのだとキンダーはいう。

動物園では、生きものたちはオリや堀に囲まれて暮らしている。だから空襲などにあっても逃げ場がないし、たとえ逃げおおせたところで、慣れない環境にいるうえに自力で食物を探す力も衰えてしまっているから、まず長生きすることはない。しかも動物園は、綿密なケアと薬、燃料、食糧を必要とするが、そのどれもが戦時中には欠乏する。栄養失調と病気が、動物たちの命をおびやかすことになるのだ。

「予防措置」という名目で殺されてしまう動物も多い。それはエサ不足のために「間引き」するしかなかったという事情のほかに、脱走して市民をパニックに陥れるのではないかという不安があるためだ。そもそも、戦争が人びとの生活を圧迫するなか、金や資源を消費しながら動物を飼うことは、なにやらうしろめたいぜいたくとして認識され、これも殺処分をあとおしする。飢えた市民によって食べられてしまうこともある。動物園の生きものたちは、「戦争で犠牲になるために、完璧に用意ができている」（キンダー）のだ。

ただし、戦争においては「動物も動物園も被害者だ」と結論づけたら、それは事実の半分しかみていないことになる。たしかに動物はもっぱら被害者だが、動物園の立場は微妙だ。爆撃やスタッフの徴兵で悪影響をこうむるのは事実だが、戦争で利益を得たり、戦争に貢献しようとしたりすることも多いからである。

世界に先がけて近代動物園をつくったフランス人は、やはり世界に先がけて戦争と動物園の矛盾した関係をみせつけることになった。フランス軍がヨーロッパ諸国に攻めいったとき、動物たちを略奪してジャルダン・デ・プラントに連れてきたのはすでに述べたとおりである。こうした「戦利品」は、大衆たちに誇りを感じさせるのにうってつけだった。

ところが普仏戦争（１８７０～71）のさいは、プロイセン軍がフランス軍を圧倒し、パリを包囲する。このとき市民たちは食糧不足から、ゾウ「カストール」と「ポルックス」（ポリュックス）をはじめとする動物園の生きものを食べてしまった。

ワシントン国立動物園も、軍のおかげで利益を得た過去をもつ。これも第2章で紹介したが、同園は米西戦争のあと、海外に散らばる士官たちに動物の入手を依頼した。するとたちまち、キューバからはイグアナとワニが、パナマ運河からはヒクイドリとアリクイが送られてきた。アメリカ軍はさらにフィリピンでも動物収集をおこない、サルや鳥類を送りとどけた。また同国の海軍は、すべての寄港先に動物収集の拠点を築くようになった。こうした習慣は、第2次大戦まで続くことになる（Kinder 2013, Spang 1992）。

以下では、とくに第1次大戦から第2次大戦にかけての日米欧の動物園の歩みに光をあてたい。異なる資料をあわせて全貌を明らかにするのは難しい作業だが、それでも動物園関係者と動物たちが味わった、高揚と、努力と、苦痛と、そして何よりも恐怖を浮かびあがらせることはできるだろう。

占領下に置かれたアントワープ動物園

ここで最初にとりあげたいのは、第1次大戦と第2次大戦の両方でドイツに占領されるという憂き目にあった、ベルギーのアントワープ動物園（72ページ）である。
第1次大戦は、主にドイツとオーストリアからなる「同盟国」と、イギリス、フランス、ロシアなどの「連合国」の戦いだが、このとき強大なドイツ軍は、フランスに攻めこむため、両国のあいだに位置するベルギーに侵入した。やがてドイツ軍がアントワープに迫ると、動物園の理事会は決断をくだす。それは、ライオン、トラ、ヒョウ、クマ、ジャガー、オオカミなど32頭の肉食動物と、有毒のヘビたちを殺害するというものだった。関係者の脳裏に、混乱のなか危険動物が野放しになってしまう図がよぎったのだろう。

そののちも飼育動物は数を減らしていった。維持しつづけるほどの価値がないとみなされた生きものたちも殺され、猛禽類や小型齧歯《げっし》類のエサになった（非常時においては、人間が定めた「動物ランキング」があらわになる）。続いて、エサの調達が不可能な異国産の鳥類も処分される。戦争の終わりごろになると、バッファローやアンテロープも殺害され、その肉は飢えた市民たちの食料となった。それでもなお維持費はかかったうえに、収入が3分の1近く激減したため、財政面でも苦しくなった。おまけに砲爆撃のせいで鳥類や魚に被害が出たし、肉食獣舎など建物も被害を受けている。

ただ周辺国の支援もあった。隣国でかつ中立だったオランダ政府は、アントワープ動物園に25トンの穀物を送ったし、ロッテルダム動物園も動物を25頭引きとり、終戦後にかえしている。結局、戦争が終わった1918年の時点で、アントワープ動物園がストックしていた動物の数は、戦前に比べて18・8％に落ちこんでいた。

その後、同園は世界の動物園や個人から動物を贈られた。しかもベルギーの植民地からは、ゾウ2頭にくわえて30頭のアフリカ産動物が送られてきた。ところが、アドルフ・ヒトラー（1889～1945）率いる国家社会主義ドイツ労働者党（ナチス）がドイツを掌握すると、ふたたび雲行きが怪しくなってきた。

人種差別的なヒトラーは、ヨーロッパからユダヤ人やスラブ人を駆逐して、「アーリア人」と彼がよぶゲルマン系白人を盟主にした強大な国家をつくることをめざし、その計画にもとづいてポーランドに攻めこんだ。ところが、これがきっかけでイギリスとフランスがドイツに宣戦布告し、第2次大戦がはじまる。するとドイツ軍はまたベルギーにもおしよせて、居すわってしまった。

アントワープ動物園では、戦争勃発と同時に、州知事の命令でまず31頭の肉食動物が射殺された。また1940～41年の冬のあいだ、オカピ、ゾウ、カバといった動物が命を落としている。水族館、爬虫類館、鳥類飼育舎、カバ舎、温室などが爆撃され、これらで飼育していた生きものたちにも被害がおよんだ。

それでも、動物たちを救わんと人びとは必死だった。農業省や国立の食糧会社がエサを供給したほか、州政府も戦時中ずっと補助金を出していた。動物園は土地を買いとって、そこで植物を育てている。ラマやポニーの引く車で、各家庭から出た残飯をあさってまわったりもした。それやこれやの結果、飼育動物たちは、戦前いたもののうち40％が生きのこっている。第1次大戦時よりはましな結果だった。

やがて、戦況が悪化するとドイツ軍は退却していったが、このときにひと騒動あった。ドイツ軍に抵抗していたベルギーのレジスタンス・グループ「白旅団」が動物園にやってきて、「コラボ」（対独協力者）とみなされていた市民を捕まえてライオン舎に放りこんだのだ。これを聞いたイギリス軍司令官は青くなった。ライオンが銃殺されていたことを知らなかったのである。

つぎに動物園にやってきたのはイギリス軍である。彼らは兵舎を建てたりレセプションホールをダンスホールに使ったりしたあげく、その壁を塗りつぶしてインテリアを台なしにしようとした。こんなひと幕はあったものの、連合軍はホール使用の代金を払い、さらに動物園にたいする感謝のしるしとして、ドイツのミュンスター動物園から連れてきたゾウを2頭贈った（ミュンスター動物園の人びとがどう思ったかは聞いてはいけない）。うち1頭は、有名なイギリス軍人モントゴメリーにちなんで「モンティ」と命名されている（Baetens 1993）。

ロンドン動物園がおこなった殺処分と戦争協力

つぎに、2度の大戦でドイツと死闘をくりひろげたイギリスのロンドン動物園をみてみよう。

1896年のこと、同園を率いていたピーター・チャルマース＝ミッチェルは、『サタデー・レヴュー』紙に「英国の外交政策にかんする生物学的見解」という記事を匿名で投稿した。このなかで彼は、自然界においてはよく似た種、それも急速に勢力を拡大しつつある種が、もっとも激しく争う傾向にあると指摘している。そしてこの原則を人間界にあてはめたばあい、イギリス人とドイツ人がその立場にあるとした。すなわち近い将来、両国民のあいだで「種の生存」をかけた戦争がはじまると予言したのである。

その言葉どおりに第1次大戦がはじまると、彼は軍情報機関ＭＩ7の大佐として戦争省で活動し、プロパガンダ工作にも関与した。またこの戦争では、150人いたスタッフのうち92人が志願ないし徴兵によって前線に送られ、12人が戦死している。

いっぽうで、このすさまじい「生存闘争」のあいだ、ロンドン動物園は現実を忘れさせてくれる場所としても機能した。同園には、毎年100万人もの人びとがやってきたという。兵隊たちの家族は日曜に無料で入園できたし、傷痍《しょうい》軍人も無料だった。

図1：「クマのプーさん」のモデルになった「ウィニペグ」

またロンドン動物園は、軍隊でかわいがられているマスコット動物を引きとることもあった。有名なのは、イギリス軍とともに戦ったカナダ軍兵士が飼っていた「ウィニペグ」（ウィニー、図1）というアメリカグマで、ロンドン動物園に預けられた（戦後正式に譲渡された)。これを息子とともにみにやってきたのが、児童文学作家のアラン・アレクサンダー・ミルン(1882~1956)である。彼は、息子クリストファーが「ウィニー」に夢中になったのに刺激されて、『ウィニー・ザ・プー』(クマのプーさん)という作品を生むことになる(Johnson 2015, Mitchell 1914, 'The role of animals during World War One' 2014, ロンドン動物園公式ホームページ)。

第1次大戦が終わり、イギリスは戦勝国となることができたが、ヒトラーがドイツの政権を握ると、またもや緊張が高まり、やがて1939年9月1日に第2次大戦がはじまる。このときロンドン動物園は、前大戦時にはじめて空襲を経験したからだろう、即座に動いた。政治学者マユミ・イトーによると、最初の3日間のうちに、コブラ、アナコンダ、ニシキヘビ、アメリカドクトカゲなど73匹が殺害された。多くは有毒で、爆撃をきっかけに脱走し、人びとに危害をくわえる恐れがあったためだが、毒をもたないものも含まれている。

しかし殺処分はこれで終わりにはならなかった。結局ロンドン動物園は、1944年12月までのあいだに、マナティー、ナイルワニ、ライオン、トラ、チーター、エランド(ウシ科の動物)、チンパンジー、ペンギン、エミュー、カササギ、コモドオオトカゲ、ウシガエルなどを含む188の個体を殺した。病気などでやむをえず殺害したものも含むが、主にエサが不足したための「間引き」であった。

ロンドン動物園は、9月3日に政府命令でいったん閉鎖され、15日に再オープンしたが、付属水族館は、空襲のさいガラスが散乱する危険や維持費が問題視され、1943年まで閉鎖されたままだった。魚たちは、とくに高価なものや、池に放ったコイを除いて死なせるしかなかったという。

いっぽう同園は、ジャイアントパンダ、アジアゾウ、チンパンジー、オランウータン、ダチョウといった高価な生きものを、ロンドンの北にあるウィプスネード動物園（ロンドン動物園の「繁殖センター」として1931年に開園）に疎開させている。他の動物園に貸しだされたり、サーカスや個人に売られていった動物もいた。さらにロンドン動物園は「アドプト・アン・アニマル」というキャンペーンを開始、各市民に、養育対象として選んだ動物のエサを寄付してもらって成功をおさめた。

当初から恐れられていたナチス・ドイツの空襲は、1940年9月にはじまった。とうぜん、動物園にも被害が出た。たとえば同月27日の空襲では、齧歯類舎、ジャコウネコ舎、シマウマ舎、庭師のオフィス、繁殖用施設ならびに北門が損害を受け、シマウマ

図２：防空壕づくりを手伝うチンパンジー
（1941年の写真）

とノロバが脱走する騒ぎになった。その夜、ふたたび空襲があってレストランと「トンネル・バー」が炎上している。

にもかかわらず、戦争の全期間をつうじて、動物たちの被害はあまりなかった。爆撃によって死んだのは５頭だけである（もっとも、飼育数が減っていたことも勘案すべきだとイトーはいう）。

いっぽうでこの大戦中、ロンドン動物園の生きものは戦意高揚のための「愛国的活動」に従事させられた。同園のラマやラクダは食料や防空壕用の砂嚢《さのう》を運び、シェトランド・ポニーは郵便配達車を引いて町中をまわり、ゾウも畑を耕した。チンパンジーが砂嚢づくりを手伝ったり、防空壕をつくったりする写真も出まわった（図２）。

パンダの「ミン」にも出番がやってくる。１９４０年、ミンが疎開先のウィプスネードからロンドンに「帰ってきた」ことが宣伝されたのだ。これを伝えるポスターには、笑顔を浮かべ、防空ヘルメット、身分証明書、配給クーポンをもったパンダの姿が描かれていた（図3）。爆撃に怖《お》じず、ミンは「ロンドン市民としての義務」を果たそうというのである（ちなみにロンドンとウィプスネードにいたヒツジ・ウシ・シカみたいに、食糧省に引きわたされて食材になることで祖国に「殉じた」動物もあった）。

図3：疎開先から帰ってきたパンダのミン（1940年のポスター）

ちなみに、こうした戦争協力は、イギリスと共闘していたアメリカも例外ではなかった。たとえば第1次大戦時、ニューヨークのブロンクス動物園は、敷地を国旗と新兵募集のポスターで埋めつくし、負傷兵向けの包帯づくりのために、ライオン舎をアメリカ赤十字に提供した。さらに自警団を組織して、暗くなる時間帯に敷地をパトロールさせたりしている。

また軍のマスコットを受けいれていたのも同様で、サンディエゴ動物園は、もよりの軍港から大量の子グマを引きとったので、もとからいた年老いたクマを殺してその肉を地元のホテルに売ってしまったほどである。

このほか第2次大戦中、ワシントン国立動物園にいた体重約450キロのクマは、ホウ酸を溶かした液体を飲むという「協力」までさせられた。ホウ酸が脳におよぼす影響を、海軍の科学者が研究できるようにするためであったという（Itoh 2010, Kinder 2013, Roscher 2019）。

日本の動物園の戦争

これら英米の動物園とおなじく、日本の動物園の戦争へのかかわりかたも、一様ではなかった。動物園が戦争の恩恵を受けたり、プロパガンダに貢献したりしたことは、上野動物園の事例からもわかる。古くは日清戦争（1894～95）のとき、旅順で「分捕った」フタコブラクダ3頭以下、戦利品動物や軍功動物（戦いに貢献したとされる動物）が展示され、入園者の急増をみている。日露戦争やシベリア出兵（1918～22）のさいにも、軍の派遣先から生きものが送られてきた。

その後、日中戦争（1937～45）がはじまり、さらに第2次大戦に参加すると、戦利品動物や軍功動物の数も増えた。とくに有名なのは盧溝橋《ろこうきょう》事件（盧溝橋付近で日本軍と中国軍が衝突した事件）のさい、弾薬を運ぶのに貢献したというロバの「一文字」と「盧溝橋」である。また、日本軍が進出した中国南部からは、オオトカゲ、チョウコウワニ、テナガザルが宮内庁や海軍省をつうじて届けられている。

日本軍が英領シンガポールを占領すると、南方軍を介してジョホールのスルタンからニルガイ（ウシの仲間）、ヒクイドリ、シマウマなどが贈られた。中支派遣軍第6884部隊の兵士・成岡正久が、前線で捕獲し、かわいがっていたヒョウを寄贈したエピソードも有名だ。このヒョウは「八紘《はっこう》」と名づけられている。さらに日本海軍がコモド島でコモドオオトカゲを捕獲して宮内庁に贈り、これが上野動物園に到着している。そのおかげで、1940～42年のあいだ、入園者は毎年300万人を上まわっている。

ちなみに、コモドオオトカゲと日本軍については奇妙なうわさがあった。捕らえたコモドオオトカゲを、連合軍の前線のうしろに放つ計画があったというのである。一種の生物兵器ということになるが、その計画の真偽は明らかではない。

日本の動物園はまた、イベントをつうじて戦意高揚に貢献した。たとえば京都市動物園は、第1次大戦が勃発すると軍艦「摂津」「薩摩」や水雷艇、汽船の模型を池の上で

図４：兵装に身をつつんだリタとロイド

図５：軍用動物の慰霊祭に参加したワンリー

走らせることで、海軍の宣伝に協力している。天王寺動物園では、第２次大戦中チンパンジーの「ロイド」という名は（米英人みたいで）ケシカランとクレームがついて「勝太」（勝った）という微妙な名前にかえられ、リタといっしょに軍装したり、防毒マスクをつけて防空演習に参加したりした（図４）。もちろん上野動物園も、軍犬の実演や軍用動物慰霊祭などをいとなんでいる（図５）。

そもそも、日本の動物園で実施された動物の殺処分でさえ、プロパガンダ的な性質があった。動物たちの悲劇的な最期をみせつけることで、国民に覚悟を求めるのである。京都市動物園は、「空爆のため、オリの破壊による猛獣類の脱出を恐れた当局が、命令によって彼等を処分させたというのが表向きの理由だが［……］市民が馴れ親しんだ動物を処分することへの鉾先を、敵国にたいする憎しみに置きかえて倍加させ、戦闘意欲、勤労意欲の高揚をはかる意図が背景に隠されていたともされている」と書いている（Itoh 2010, Lutz 1991，恩賜上野動物園 １９８２、京都市 １９８４、大阪市天王寺動物園 １９８５）。

殺処分にいたったプロセス

くわしくとりあげるべきは、やはり『かわいそうなぞう』の舞台となった上野動物園の事例だろう。対米英戦争に突入する直前のこと、軍に入った古賀忠道にかわって、園長代理をしていた福田三郎は、東部軍司令部獣医部に要請されて「動物園非常処置要綱」を出した。

これは、万が一東京が空襲にさらされるようになったら、動物をどう処分するかを書いたものだ。クマ、ヒョウ、ライオン、ゾウ、ヘビなど「危険動物」とされた個体は、爆撃の被害が近くにおよんだときにはじめて、毒殺ないし銃殺することとしていた。なお、一部動物を間引きしたり、草食動物を殺してエサにすることなどは、すでにおこなわれていた。

事態が急展開したのは、1943年に、戦争遂行を目的として東京市が東京都となり、大達茂雄が長官になってからである。大達は動物園関係者をよびだして、1カ月以内に「猛獣処分」するよう命令した。しかも、市民に不安を与えるからというので、音の出る銃殺は除外された。

そうすると、すみやかに殺すことは不可能で、動物園史上もっともおぞましい殺害劇が展開された。生きものたちは、毒(ヒョウの「八紘」もこの犠牲になった)、槍、包丁、ロープ、ハンマーによって殺されていったのだ。自分たちを信頼しきっている動物に手をかけた職員たちは、みるみるやつれていったという。

ゾウのジョン、ワンリー、トンキーは、毒入りのエサを食べることを拒否するので、結局「絶食」という、これまた悲惨な殺害方法がとられた。なおジョンは、凶暴であったために長官命令のある前から絶食状態に置かれており、最初に死んだ。ワンリーとトンキーも時間の問題であったが、おぼえた芸をして必死にエサをねだり、飼育員も苦しくてつい食べものを与えてしまう。

やがて９月２日に、上野動物園での殺処分が報じられ、大達長官も参列して４日に慰霊祭がおこなわれた。ところが、２頭のゾウは隠された場所でまだ生きていた。生きたまま葬式をあげられてしまったのである。慰霊祭ののち、ワンリーとトンキーはそれぞれ息を引きとった。

この件が、子どもをはじめ国民にショックを与えたのは明らかであった。動物園に送られてきた手紙には、悲しみを訴える内容のものもあれば、こんな事態をもたらした米英を討つ決意を新たにしたとつづられたものもあった。

動物園の生きものの運命は、人間の運命でもある。やがて１９４５年３月10日に東京大空襲があり、園内には死んだ人びとの体が積みあげられたという（上野動物園　１９８

2）。

上野での殺処分が皮切りとなって、日本と日本が支配下に置いていた地域（韓国、台湾、満州）でも飼育動物の殺害がはじまった。1939年から40年にかけて、協力を目的とする、19の施設（うち動物園は16。ソウル、台北のものも含まれる）からなる日本動物園水族館協会が結成されたが、イトーによると、これに属していたほとんどすべての動物園において殺処分がおこなわれている。41年に同協会にくわわった満州の新京動植物園も同様だ。

殺された動物の数は、資料や公式記録からわかるかぎりでは、国内だけで少なくとも170頭。だが、おそらくは200頭を超えている。また意図的に殺されなくても、飢えや寒さで死んだものもいたから——動物を100％近く失ったところもある——戦時中に命を落とした生きものの数はこれをはるかに上まわる。

天王寺動物園のばあい、上野動物園でしたことの再現となった。同園ではすでに栄養失調や石炭不足による寒さでゾウ2頭とキリン1頭を失っていた。そこへ上野での殺処分の報を受けて、大阪市長らが会議を開き、殺処分を決めてしまう。やはり銃は使用せず、毒殺や絞殺がおこなわれた。京都市動物園では、1944年に軍の命令でクマ、ライオン、トラ、ヒョウ14頭が銃殺・絞殺・毒殺で命を落としている。ただしヒョウ1頭とシマハイエナ1頭は、香川の栗林動物園に売られていった。

殺処分のプロセスは動物園によってさまざまであり、関係者全員がすなおにしたがったわけでもない。たとえば熊本動物園（水前寺動物園、1929年開園）では、軍の命令で1944年1月以降に「危険動物」が殺された（できるだけ苦しめないために電気ショックをもちいている）が、園長をはじめスタッフらは、ニシキヘビやカバ、そしてゾウの「エリー」は「危険動物ではない」といって殺そうとしなかった。

もっともニシキヘビは燃料不足からくる寒さで、カバは栄養失調で死亡。エリーは1945年まで生きのびたものの、動物園の建物を使っていた軍が、彼女を労働に使用したいといってきた。園長が、慣れない人間がゾウを使うのは危ないと答えると、軍はゾウを殺して食肉にすることを決めてしまう。結局、エリーは電流の流れるプールに導きいれられることになったが、異常な空気を感じとって抵抗した。そのため、電気ワイヤつきのジャガイモを口に入れて殺害したという。

スタッフが殺害命令に抵抗した例は、神戸市立諏訪山動物園（1928年開園）にも認められる。同園でも殺処分はおこなわれたが、李王家から贈られたオオヤマネコを隠

図6：東山動物園で殺処分の訓練をする猟友会メンバー。同園もライオンなどの殺処分はまぬがれなかった

して飼育を続けたのだ（惜しくも終戦前に死亡した）。

　また東山動物園の北王英一園長（161ページ）も、動物を殺さないよう最後まで粘っていたが、1944年12月13日の名古屋空襲のさい、内務省の命令を受けた警官と猟友会のメンバーにライオンたちの殺処分を迫られ、とうとう許してしまう。さらにクマがこれに続いた。だが秋山正美の『動物園の昭和史』によると、このあと北王の態度はがらりとかわった。残っていたゾウ「エルド」と「マカニー」の殺害を迫られても、頑として首をタテにふらなかったのである。そして、動物園に駐屯していた陸軍がゾウ舎に積みあげていたマイロ（キビの一種）を盗み、ゾウを養った。マイロをわざわざ盗めるようなかたちで置いたのは、三井高孟《たかおさ》獣医大尉のはからいという。このおかげで、ゾウたちは戦争を生きぬくことができた（Itoh 2010, 秋山 1995、京都市 1984、神戸市立王子動物園 2001、大阪市天王寺動物園 1985）。

ハーゲンベック動物園と2度の大戦

それでは、もうひとつの敗戦国、ドイツの動物園はどうだったのか。まずは、第1次、第2次大戦におけるハーゲンベック動物園の運命をみてみよう。

第1次大戦勃発時、ドイツでは全土が熱狂の渦につつまれたが、動物園も例外ではなかった。当時カール・ハーゲンベックはすでに亡く、息子ローレンツらによって運営されていたが、さっそくミリタリー・コンサートを催している。

しかし優勢なイギリス海軍が海上封鎖をはじめると、貿易に頼っていたハーゲンベック社はたちまち大打撃を受けた。金のやりくりに困って、ある興行師に土地を貸し、ウォーターシュートのある遊園地をつくらせたりもしている。

しかも、はじめの高揚感はどこへやら、戦争は長引いてスタッフも戦場にかりだされ、あげくはゾウの「ジェニー」までお国のために働くことになった。その怪力を使って、

図７：戦場に投入されたゾウのジェニー（Archiv Carl Hagenbeck GmbH, Hamburg）

砲座や塹壕をつくるのだ（図７）。動物園はまた、エサ不足に苦しむようになった。

ハーゲンベック動物園は世界的に有名なこともあり、英独のプロパガンダ合戦に引っぱりだされた。１９１６年にイギリスの新聞が、ドイツの苦境を強調しようと、ハーゲンベック動物園にはもう動物がいないと主張した。すると、今度はドイツの新聞が健在な動物の数を書きたてる。ライオン31頭、トラ14頭、クマ28頭、ゾウ４頭……。

だがじっさいは、飼育動物たちはどんどん、命を落としていった。魚に頼っていたアザラシ類はもたなかったし、腐った肉が原因で死んだ大型肉食動物もいる。農作業用にラクダをさしだし、餓死から逃れさせようともした。そうこうするうちにドイツは敗北、ハーゲンベック動物園は残っていた動物の大半を売却するしかなかった。

なお、ドイツの他の動物園も似たような経緯をたどっている。たとえばライプツィヒ動物園（１８７８年開園）のアザラシは全滅、付属水族館の海水魚とサルもほとんど死に絶えた。市民の人気者だったゾウの「ネリー」は、栄養不足が原因でとうとう立ちあがれなくなってしまったため、殺されて市民の食料になっている。戦後も炭疽《たんそ》菌に襲われて、さらに生きものたちが死んだ。

ハーゲンベック動物園に話をもどすと、１９１８〜20年のあいだ、同園は映画撮影に使われた。戦後金がなかった映画制作者にとって、すぐ近くで異国の場面を撮ることができるハーゲンベック動物園は貴重だったのだ。こうして生まれた作品のなかには、日本風庭園を活用して撮影されたフリッツ・ラング監督の『ハラキリ』（１９１９）も含まれる。

同園は、１９２０年、自慢のパノラマでみせる動物もいなくなって、とうとう閉園してしまう。しかしそのあとも、再開を願う声があがりつづけた。１９２２年の聖霊降臨祭の日曜日に、取引用の動物を一時的に展示してみると、２万２０００人がおしよせた。

その2年後、ハーゲンベック動物園は正式に再オープンした。

カール・ハーゲンベックの息子たち、ハインリヒとローレンツは、父のコンセプトにのっとって、いっそう自然に近い環境で動物を飼うようつとめた。そして、センセーショナリズムに走ったという古くからの批判にこたえて、狭いオリで動物を飼うよりも、それぞれの種にふさわしい方法で飼うほうがモラル的にもよいのだ、とはっきりいうようになった。こうして、アンテロープ、カバ、ゾウといった動物のための新たな放飼場が誕生した。

ところが第2次大戦がはじまると、イギリスがあいかわらず海を制していたため、ふたたび動物取引ができなくなった。それでも1940年に、モスクワ動物園と取引して、カバ、サイ、大型肉食動物と引きかえにシベリア産のアイベックス、シカ、トラを入手することに成功している。この時点では、そうするゆとりがあったのだ。

だが、1943年7月24～25日の夜、ついに本格的な空襲にみまわれた。連合軍の爆弾と焼夷弾が落ちて、ものの数分で動物園は炎につつまれた。建物が破壊されただけでなく、9名の人員が死亡し、120頭の大型動物も破片にやられたり瓦礫《がれき》の下敷きになったりして死んだ。飼育舎から焼けだされた生きものも、管理できなくなったため相当数射殺された。

いっぽう、「ネパーリ」の名をもつインドサイやゾウは生きのこった。炎が迫ったとき、スタッフは訓練どおりにゾウを飼育舎から外へ連れだした。そこは上を下への大騒ぎだったが、ゾウたちはリーダーのまわりに集まり、静かに身を寄せあっていたという。

じつはこの空襲は、27～28日にかけておこなわれる「ゴモラ作戦」（神の炎で滅ぼされたという町の名にちなむ）の前触れにすぎなかった。この夜、英軍機700機がハンブルクに襲来し、爆弾の雨を降らせた。それはすさまじい炎の嵐を引きおこし、3万5000人の市民の命を奪うことになる（Gretzschel 2009, Haikal 2003）。

ヘラブルン動物園園長の決死の抵抗

つぎに、動物地理学的展示をはじめたことで有名な、ミュンヘンのヘラブルン動物園の運命をみてみよう。第2次大戦がはじまったとき、まずおこなわれたのは、「余分」とみなされた生きものや、ヨーロッパ原産の生きものを処分することであった。つまり殺すか、売るか、譲渡したのである。これはエサを節約するためであった。

類人猿は、輸入した南国産フルーツを食べていたが、ビタミン剤とドイツ産の果実・

図８：爆撃で死んだ動物たち

野菜に置きかえられた。大型肉食動物は馬肉を、その他の肉食動物は臓物をあてがわれるようになった。いっぽうで、脱走を未然に防ぐための殺害はおこなわなかった。爬虫類は、たとえ逃げても南ドイツの気候では活発に動けないし、肉食動物だってそう簡単に飼育舎を離れたがるとは思えない。そもそもここは都市部から離れており、空襲の標的にはならないだろう、というのがその理由だった。

だが不運なことに、ヘラブルン動物園はミュンヘン爆撃にやってくる連合軍機の針路上にあった。そして１９４４年7月、48発の空中機雷をはじめとする爆弾の雨がヘラブルン動物園に降りそそいだ。レストラン、ジオラマ館、管理棟などの建物が破壊され、貯蓄していたエサも炎上、さらにガス、水道、電気がダウンし、動物たちが逃げまどう。混乱のなかで、ライオンが1頭射殺された。「白雪姫」の愛称で親しまれていたアルビノのラクダをはじめとする多くの動物も爆弾で死んだ（図8）。

その結果、動物園は閉園となったが、どうやらもっと大変なことになりそうな気配だった。1945年4月30日、アメリカ軍がミュンヘンに侵攻しそうになったとき、ドイツ軍はよりにもよって動物園の目の前の橋でこれを阻止しようとしたのである。そして市電をもってきて、バリケードがわりに橋のうえに置いた。これを見た園長ハインツ・ヘックは、とうとうドイツ軍に逆らうことを決意、アフリカゾウ「レラバティ」を使って、市電をどかしてしまう。やがてアメリカ軍の戦車がやってきて、なんなく橋を通過していった。

戦争が終わったとき、ヘラブルン動物園にいた動物のうち、じつに30％が死亡していた。これには、戦時中に餓死したオランウータン全頭、ペンギンとアシカすべて、ゾウ5頭が含まれる。建物の半分は完全に破壊され、残ったものもダメージを受けていた。しかしヘラブルン動物園は、戦後数週間のうちに再オープンすることが許された。「動物はナチじゃないからね」というのがその理由だった（Hirsch 1986, Zedelmaier 2011）。

ナチスに協力したベルリン動物園

いっぽうベルリン動物園ほど、戦争にたいする協力と、そのあとの破滅的な結末のせいで目を引くところもないだろう。

ここを率いていたのはルッツ・ヘック（1892〜1983）。ヘラブルン動物園園長ハインツ・ヘックの兄である。彼は1932年に、父ルートヴィヒのあとをついでベルリン動物園園長となった。ベルリン動物園もまた、第1次大戦の影響を逃れるわけにはいかず、市民たちに愛されたチンパンジー「ミッシー」「モーリッツ」などの動物を失っている。敗戦のあとはインフレが生じて、入園料ではとてもまかないきれないほどエサ代がはねあがった。

しかし、市民たちが寄付したエサや、銀行ならびに自治体による援助、インフレ解決のおかげでなんとか苦境を脱し、園長ルートヴィヒ・ヘックはふたたび動物の補充をはかる。このとき活躍したのが長男のルッツで、アビシニア（エチオピア）や旧ドイツ植民地（タンザニア）におもむいて、キリン、カバ、サイ、シマウマ、ダチョウなどを連れてかえってきた。ルッツが父のあとをついだとき、ベルリン動物園はふたたび堂々たる規模になって、453種の哺乳類と、799種の鳥類を飼育していた。

いっぽうでヘック親子は、ナチス思想に共鳴するようになっていた。もともと父ルートヴィヒには、皇帝ヴィルヘルム2世に支援されて、ドイツ産の生きものをテーマにした「祖国コレクション」を展示するなど、ナショナリスティックなところがあった。またその言動はナチスを先どりするものであったと、みずから自伝に記している。彼は息子たちから、「父さんはすでに国家社会主義者［ナチス］だったんだよ。この言葉ができる前から、僕たちに国家社会主義的な世界観を説いていたじゃないか」といわれていた。

長男ルッツもその影響を受けたのか、ナチスがドイツの政権を獲得した1933年に「親衛隊賛助会員」になっている。親衛隊とは、ヒトラーの護衛を目的にハインリヒ・ヒムラー（1900～45）が創設した武装組織のことで、ナチス・ドイツの文化政策にも深く関与したことで知られる。親衛隊賛助会員は、毎月自分で決めた額の金を支払うことでこれに協力するのだ。またルッツ・ヘックは、親衛隊の先史遺産研究所「アーネンエルベ」から奨励金を受けとっており、一時は親衛隊員になることさえ考えていたという。いずれにせよ1937年の時点でナチス党員にはなっていた。

図9：ゲーリング（左）とともに狩猟する
ルッツ・ヘック（右）

しかもルッツ（父や弟と区別するためこうよぶ）は、ナチス・ドイツの「全国元帥」ヘルマン・ゲーリング（１８９３～１９４６）ときわめて親しかった。ともに狩猟を趣味にしていたことが大きい。１９４０年には、ゲーリングが傘下におさめる「全国営林局」の「最高自然保護所」を率いることになる（図9）。

そんなルッツが率いるベルリン動物園は、ナチスにとりいるような展示をはじめた。「ドイツ動物園」がそれである。この施設は、北ドイツの家屋や風景を再現して、クマ、オオカミ、オオヤマネコ、カワウソ、オオライチョウといった土着の生きものを飼育するものだった。北ドイツがテーマになっているのは、当時「ゲルマン＝ドイツ人」（アーリア人）の「人種精神」が同地方に残っているとみなされていたからだ。ナチスの鉤十字《ハーケンクロイツ》が飾られていたことは、いうまでもない。

狂気の絶滅動物復元計画

さらにルッツが、弟ハインツとともに精力的にとりくんでいたのが、オーロックスやターパンといった絶滅動物を再生することだった。オーロックスは、現在家畜となっているウシの祖先であり、ターパンは家畜のウマの祖先にあたる。また、当時絶滅にひんしていた野牛ヨーロッパバイソンの再繁殖も試みた。

彼らは、なぜこれらの種に関心を示したのか。筆者は、この問題を調べてくわしく書いたことがあるが、ここではかんたんに説明しておこう。これら3種の生きものは、中世ドイツの英雄叙事詩『ニーベルンゲンの歌』のなかで、ジークフリートが狩ったとされている生きものなのだ。少なくともルッツはそうみていた。

『ニーベルンゲンの歌』は、残酷な殺しあいの物語（ほとんどみんな死ぬ！）であるが、ドイツ人がもつ忠誠心や勇敢さをあらわしていると讃えられ、なかでも「竜殺し」のジークフリートは人気の英雄だった。

つまりルッツ・ヘックらの絶滅動物再生計画は、ジークフリートが生きていたとされる時代の自然、つまり「アーリア的自然」をよみがえらせるものだったのだ。ついでにいえば、彼らの計画は「アーリア的」な形質をもつとされた人びとの子孫を増やして「純血種」を増やそうとする、ヒムラーの人種計画ともパラレルな関係にあった。ナチスは、彼らが「アーリア的」とみなす人種、文化、自然によって統一された帝国をつくろうとしたのであり、ベルリン動物園はその一翼を担っていたのだ。

それにしても、絶滅動物の再生というと難しそうに聞こえる。しかしルッツによれば、遺伝の担い手は染色体という「固体の成分」であり、すべての生きものはこれがモザイクみたいに集まってできている。つまり、現在の家畜のウシやウマから、先祖オーロックスやターパンにさかのぼる染色体だけを「切りはなし」、「結合」させればよい。早い話が、彼らが「祖先の姿に似ている」と思ったウシやウマを選んできて交配させ、子孫をつくらせるのだ(ルッツとハインツのやりかたには違うところもあったが)。

こうして、彼らの手でオーロックスもターパンも「よみがえる」ことになった(図10・11)。ただ、これらが本物のオーロックスやターパンなのかといえば話は別である。たとえばオーロックスについては、ヘック兄弟は科学的な調査にもとづくよりも、勝手につくりあげた「原牛」のイメージにしたがって交配をくりかえしたことが明らかになっている。ヘック版の「復元動物」は、本来の姿に近いというよりは、彼らが理想とす

図10・11：ヘラブルン動物園には、いまも「オーロックス」と「ターパン」が飼育されている

る姿をあらわした生きもの、つまり「本物以上に本物らしい」一種の怪物であった。

ヨーロッパバイソンの再繁殖も、やはり問題のあるものだった。アメリカ大陸から連れてきたアメリカバイソンを、ヨーロッパバイソンと交配させたのである。なぜこんなことをするのかといえば、アメリカバイソンの旺盛な繁殖力だけをいただこうというのだ。こうして生まれた子孫は、たしかに「混血」であるが、ヨーロッパバイソンと交配させていけば、いずれもとの種に近いものとなろう。アメリカバイソンの遺伝子をしだいに圧迫するわけだから、ルッツはこのプロセスを「圧迫育種」とよんでいた。

彼は、こうして生まれた「復元動物」をいくつかの土地で野生化する実験をおこなった。そのひとつはベルリンの北に位置するショルフハイデであり、ここにはゲーリングの「カーリンハル」という邸宅があった。もうひとつはポーランドとベラルーシの国境にある原生林ビャウォヴィエジャである。ドイツ軍がポーランドを征服したのをいいことに、ナチ党員ルッツはオーロックスを放って自然にかえそうとしたのだった。

もともと親衛隊トップのヒムラーは、ドイツから東にあるエリアを征服後、ドイツ的な村や町をつくり、さらにその風景を改造することを望んでいた。ルッツもこれに便乗するかたちで、占領地の動物相や植物相をつくりかえようとしたのである。

また彼は、ドイツ軍の侵攻に乗じて東ヨーロッパの動物園を訪問し、貴重な生きものたちをドイツに移送するのにかかわった。この話は、戦時下のワルシャワ動物園をあつかったノンフィクション『ユダヤ人を救った動物園』（ダイアン・アッカーマン）にも登場する。そこでは、彼はワルシャワ動物園から希少動物を「保護」という名目で拝借してドイツへ送っただけでなく、残った飼育動物を親衛隊仲間に遊びで射殺させるような、恐るべき人物として描かれている。おそらくこういった行為が原因で、のちにソビエト連邦軍は彼の逮捕を試みたのだろう（Artinger 1994, Heck, Ludwig 1938, Heck, Lutz 1952, Klös 1969, Vuure 2005, 溝井 ２０１７）。

ベルリン動物園の「ニーベルンゲン的」破滅

しかし、連合軍が本格的な反撃を開始すれば、ベルリン動物園も無傷のままではいられなくなるのは明らかであった。

同園では、空襲への備えは監視所をつくることからはじまった。これは、動物が脱走しないようみはるための設備で、のぞき穴のついた鉄の箱であったり、地面に埋めこまれた掩蔽壕《えんぺいごう》であったりした。またブダペスト通りに面する入場門のそばに、長さ２００

メートルの地下壕がもうけられた。これは1・8メートルもの厚さがあるコンクリートで守られ、いざというとき来園者、スタッフならびにその家族が避難することになっていた。また動物園の北側には巨大な対空砲台がつくられて、多数の避難民を収容することができた。

動物園にはじめて爆弾が落ちたのは1941年9月8日だった。この時期は損害が生じても修復できたが、これからもそうとはかぎらなかったので、動物の疎開がはじまった。ルッツの指揮のもとで、アウクスブルク、ブレスラウ、フランクフルト、ケルン、ミュンヘン、ミュールハウゼン（ミュルーズ）、ウィーン、コペンハーゲン、プラハといった、第三帝国（ナチス・ドイツ）あるいはその支配下にある町の動物園に、500もの個体が移送されていった。それでもなお、多くの動物が残されたままであった。

本格的な戦災にみまわれたのは、1943年11月22〜24日である。最初の夜間空襲では、たった15分で動物たちの30％が犠牲になり、翌晩に水族館が破壊された。このとき死んだ生きものには、ゾウ7頭、キリン2頭、ライオン3頭、コビトカバ2頭、チンパンジーとオランウータン各1頭が含まれる。

異国風のゾウ舎やアンテロープ舎をはじめとする、ベルリン動物園自慢の施設も大損

図12：廃墟と化したゾウ舎

害を受け（図12）、一部動物が逃げだしたが、園外に危険な生きものが脱走するということはなかった。飼育舎がなくなった動物たちも、残っていた施設にひとまず収容された。まだ生存していたコビトカバは、比較的暖かいトイレのなかに入れられたという。死んだ生きものたちは、スタッフらを養うシチューになった。またゾウやサイといったとくに大きな動物の死骸は、1週間かけて解体され、その肉はせっけんや乾肉粉に加工された。

それでもなお動物園には、哺乳類721頭と鳥類1212羽が生きのこっていた。だが彼らにも、それこそ「ニーベルンゲン的な」破局が待ちうけていた。1945年4月、動物園を舞台にして、侵攻してきたソ連軍とドイツ軍が最後の死闘を演じたのだ。その結果、敷地は爆弾の穴や塹壕だらけ、いたるところに人間や動物の死骸が転がることになった。戦車はあらゆるものを踏みつぶすし、木もバリケードをつくるために切りたおされてしまった。まともに残っている建物など存在せず、ガス、電気、水道も全部ダウンした。

それでもなお、一部の動物は生きのびた。ハイエナ2頭、ライオン2頭、ゾウ1頭、カバ1頭そしてチンパンジー1頭を含む、全91の生きものたちがこれにあたる。その後、動物園はソ連軍の拠点に使われたり、略奪にあったりしたが、スタッフとその家族、さらには200名の女性が無報酬で瓦礫を片づけた。この努力が実って、ベルリン動物園は、7月1日にふたたび開園する。この月の終わりには、市民たちからオウムなどを引きとった結果、動物の数はもう2倍になっていた。

なおルッツ・ヘックは、ソ連軍が動物園を占領する前に西へ逃亡している（Artinger 1994, Klös 1969）。

動物園と飼育動物にとっての「戦争」とはなにか

以上、さまざまな事例をみてきたうえで、動物園と戦争の関係について、どんなことがいえるだろうか。

戦争に直面したとき、当事国の国民は、さまざまなかたちで協力することになる。これは動物園関係者にもあてはまる。ルッツ・ヘックのような極端な例は別にしても、動物園が戦意高揚に協力することはどの国でもあった。動物園は、軍のマスコット動物や「戦利品動物」を引きとって展示したし、ロンドン動物園のパンダ「ミン」の例みたいに、動物を擬人化して市民たちに模範的な行動をうながすこともあった。殺処分でさえ、戦争協力という一面をもっている。もともと動物園が、政治的なメッセージと結びついてきたことからいっても、戦争に加担するのはふしぎでも何でもない。

いっぽうの動物たちはといえば、こちらは完全に人間様のお慈悲にゆだねられるはめになる。プロパガンダのために使われようが、飢えようが、殺されようが、彼らにははじめから選択の余地などないのだ。非常時の動物園においては、支配者たる人間と、支配される人間以外の動物の関係が、これ以上ないくらいあらわになる。

しかも動物園の生きものが、戦争によって苦痛や死に直面するというのは、第2次大戦とともに終わった話ではない。たとえば1990年にイラクがクウェートに侵攻し、湾岸戦争がはじまったとき、クウェート動物園には、440頭以上の生きものたちがいたが、飢えのせいで翌年には24頭しか残っていなかった。生きのこったゾウの「アジザ」は疥癬《かいせん》（皮膚の病気）におおわれ、届くものはなんでも口にしようとするありさまで、カバも化膿した切り傷だらけで、虫でいっぱいの池に浮かんでいるような状態だった。

またボスニア・ヘルツェゴビナ紛争（1992〜95）でサラエヴォが包囲されて6カ月たったころには、同市の動物園にはオリによりかかって立つのがやっとというアメリカグマ1頭しか生きのこっていなかった。肉食獣舎のオリのひとつひとつには、ライオン、ピューマ、ヒョウ、トラなどの完全に骨と化した死骸と、まだ全身が残っている死骸とがあった。どうやら、最後まで残った個体が、先に死んだ仲間の肉を食べていたらしいと推測された。

1990年代に、イスラム原理主義組織タリバンがアフガニスタンの首都カブールを占領したとき、彼らは飼育動物を殺したり食べたりし、水族館にも砲撃をくわえた。アメリカ軍がイラクに攻めいった2003年には、バグダッド動物園の飼育舎が砲撃で破壊され、生きものたちは水も食料もないまま野ざらしになった。やがて市民たちがやってきて、盗めるものは何でも盗んでいったという（Kinder 2013）。

そればかりではない。２０２０年の新型コロナウイルス流行のような事態においても、戦時中の亡霊はあらわれる。ドイツのノイミュンスター動物園の園長ヴェレーナ・カスパリは、『ヴェルト』紙（4月15日）に、何週間にもわたる閉園のために維持費が底をつく恐れが出てきたこと、場合によっては「より多くの」草食動物を殺して肉食動物のエサにするしかないことを語り――草食動物がエサになることは日常にもあるという――最悪のときは肉食動物の間引きもありうることを示唆した。「彼らをどこかよその施設にやればよい」という単純な話ではないと彼女は力説している。たとえばホッキョクグマのような生きものには、きちんと適した施設が不可欠なのだから、と。

キンダーがいうとおり、人間社会が危機にみまわれたとき、動物園にいる生きものたちの命はたちまち軽いものとなる。それはわたしたちが飼育をとおして、彼らをむりやり弱者の立場に置いてしまっているからだ。そしてこの事実こそが、次章でとりあげる反動物園運動がおこる一因になっている。

第5章
動物のおうちは「バスルーム」？
――戦後の発展と高まる批判

瓦礫のなかから再スタート

戦争が終わったとき、敗戦国の動物園は過酷な状況から再スタートしなければならなかった。

まず日本の京都、大阪、東京をみてみよう。京都市動物園のばあい、1940年の時点で209種、965点いた動物が、72種、274点になってしまっていた。しかもキリン、ラクダ、ゾウなどせっかく戦争を生きのこった動物たちも、栄養失調のために結局命を落としてしまう。そのうえ、敷地の南半分が占領軍（進駐軍）によって接収された。

天王寺動物園も、動物が386種、4354点（1939）から127種、447点（1945）と激減し、しかも飼っているのは家畜がメインで、空き地はすべてエサ確保のための畑になっている。柵や動物舎も一部撤去されたり壊れたりしていたので、サルが脱走して園内のイモ畑を食いあらしたりした。荒廃しきっていたのは上野動物園もおなじで、とにかくエサを手に入れ、施設をなおし、動物を増やさなければならなかった。

エサの問題については、占領軍の残飯をわけてもらうという方法があった（京都市動物園のばあい、敷地内のアメリカ軍からすぐもらえた）。またカボチャの種のような、エサになるものをもってきたひとは入場無料にするという手も使った。展示動物については、とりあえず付近にすんでいる生きものをかき集めている。アメリカ軍が動物を寄付してくれることもあった。たとえば米軍が上野に贈ったカニクイザル「チーちゃん」は、後述する「おサル電車」の運転手になっている。

その後、社会が安定し、日本が国際的信用をとりもどすにつれて、アメリカ、オーストラリア、インド、スイス、ドイツ、ブラジルなどの動物園と生きものを交換したり、動物商から購入したりして、しだいにコレクションが充実していった。外国からの寄贈もあったが、なかでも有名なのは、東京の子どもたちの要望にこたえて、インドのネルー首相が上野動物園に贈ったゾウの「インディラ」だろう。

１９５１〜52年には、上野動物園から林寿郎が東アフリカのケニア（当時はまだイギリスの植民地だった）に派遣されて、サイ、カバ、キリン、ハイエナ、チーター、ツチブタなどを現地で購入してもどってきた。林はこの体験がきっかけで多摩動物公園のサファリ・ツアーを思いついたというが、これについてはあとでとりあげよう。

戦争の後始末からはじめなければならなかったのは、ドイツもおなじである。ハーゲンベック動物園は、やはり急ごしらえの施設と野菜畑から出発するしかなかったが、ドイツが降伏した１９４５年５月の時点で、すでに約４万３０００人、６月には13万人近い来園者があった。戦後の生活がどうなるかわからず、不安でおしつぶされそうな人びとにとって、「非日常」を楽しむはずの動物園は、むしろ「日常」を思いだすよすがとなっていたのだ。

同園もエサ不足に悩んだが、子どもたちがどんぐりを集めて提供してくれたのが大いに役だった。ゾウをはじめとする動物たちは、瓦礫の片づけと、爆弾でできたクレーターの穴埋めに使われた。ところが今度は、生きのこっていた動物の一部が没収されてしまう。調教されたゾウやトラは、スウェーデンを介してアメリカやデンマークのサーカスに売られてしまったし、希少なモウコノウマを含む45点の生きものたちも、ロンドン動物園に送られてしまった。「ハーゲンベック動物園がエサ不足に悩んでいるため」とのことであったが、ドイツ人側は、動物たちは賠償金がわりにもっていかれたとはっきり認識していた。

それでも1949年に西アフリカに動物捕獲隊を派遣、1954年にはカール＝ハインリヒ・ハーゲンベック（カールの孫）みずからイランに乗りこんで、ジープに搭乗して絶滅危惧種のオナガー（ノロバの仲間）を収集した。ちなみにハーゲンベック動物園は、戦後も日本に動物を売却している（Gretzschel 2009，恩賜上野動物園 1982、京都市 1984、大阪市天王寺動物園 1985）。

また動物園は、あいかわらず政治と無縁ではなかった。世界がアメリカ率いる「西側諸国」と、ソビエト連邦率いる「東側諸国」にわかれ、対立するようになると、動物園はそれぞれの陣営の力を示す「ショーウインドウ」としての役割を果たしたのだ。

それがとくに先鋭化したのが、ベルリンである。ドイツは戦後、資本主義のドイツ連邦共和国（西ドイツ）と共産主義のドイツ民主共和国（東ドイツ）に分割されていた。ベルリンは東ドイツの領土内にあったが、ここだけさらに西ベルリンと東ベルリンにわかれ、それぞれ西ドイツ、東ドイツに属した。早い話が、西ベルリンは東ドイツに浮かぶ島のようになったのだ。

図１：「ティアパーク・ベルリン」のガイドブック表紙（1957）

　戦争でさんざんに破壊されたベルリン動物園は、西ベルリンにあった。いっぽう東ベルリンには、はるかに大きな敷地に新しい「ティアパーク」（動物園）がつくられた（図1）。１９５５年のことである。この新動物園には、泣く子も黙る秘密警察《シュタージ》（政府に反抗的な市民にたいする調査で恐れられた）が寄贈したメガネグマもいた。

　じきに、ベルリンのふたつの動物園は、国力をはりあう場所になった。ティアパーク側は、１９５８年にパンダの「チチ」を展示して話題をさらう。その後、両動物園は飼育動物の数や、動物舎をめぐって競争するようになったが、どんどん豊かになってゆく西ドイツと、貧しいままの東ドイツとでは、結果はわかりきっていた。東ベルリンのティアパークは資材不足にさいなまれ、そのうえ一部の飼育員には西ベルリンに脱走される。１９８９年には巨大なゾウ舎の完成にこぎつけるものの、翌年に東西ドイツが統一されて、東ドイツじたいがなくなってしまった（このいきさつについては、ヤン・モーンハウプト著・赤坂桃子訳『東西ベルリン動物園大戦争』にくわしい）。

子ども動物園、アニマル・ショー、遊園地

１９４５～60年代には、無数の動物園、水族館、動物系テーマ・パークが世界中に誕生している。筆者がいく度も参照している、ヴァーノン・Ｎ・キスリング・ジュニア編の本に載っているリストによれば、その数は２８６にのぼる。ただし、開園時期のわかっていないものは除外されているから、じっさいにははるかに多くの動物園が成立しているはずである。そのなかでも異常な多さを誇るのが、アメリカ（51）と日本（65）だ（あくまでもおおよその数である）。

このころ、日米ともに大衆に「ウケる」ような展示に熱心であったが、それは戦前から続いていたことであった。アメリカでは、チンパンジー、ゾウ、アザラシなどに芸を

させたり、パンダを文字どおり「客よせパンダ」にするといったことが、１９２０年代からおこなわれていた。日本でも、チンパンジーのリタをはじめ、動物ショーに熱心だったことはすでに述べたとおりである。

50～60年代にベビーブームを迎えると、アメリカの動物園は家族連れをターゲットにした「子ども動物園」をもうけるようになった。子ども動物園は、メルヘンや西部開拓史時代をモチーフにしたデコレーションで飾られ、家畜や動物の赤ちゃんにエサをやったりさわったりすることが許される。

これはディズニー映画『バンビ』（１９４２）などの人気に半分あやかったもので、「動物への愛情」や「動物にたいする責任」を育てることをうたっていた。ふれあいをとおして、動物学への関心を高めようというのだ。しかし子どもも動物も予測不可能なところがあり、とくに子どもは、ありあまる愛情のせいで、動物を乱暴につかんだり、盗むことさえあった。どちらかといえば、これもショーとおなじく娯楽メインの展示だった（Kisling 2001, Hyson 2008）。

上野動物園も、１９４８年に動物を「かわいがるという心をのばしてやる」（『上野動物園百年史』）ために、ロバ、サル、リスといったおとなしい動物からなる「子供動物園」を開設している。動物ショーにも熱心だった。ゾウのインディラは「碁盤乗り」「横木渡り」「乱杭渡り」を覚えさせられていたし、チンパンジーの「スージー」やアシカにも芸をさせていた。

また「おサル電車」といって、サルが運転する電車に子どもを乗せるアトラクションもあり、初代運転手はアメリカ軍寄贈のカニクイザル「チーちゃん」だった。はじめはちょっとした試みていどだったのが、「運転手」の数を増やし、制服を着せ、あげくは大型化した電車から降りられなくして囚人まがいの存在にしてしまった。やがて1973年に「動物の保護及び管理に関する法律」が制定されたのを機に、動物虐待だという非難にさらされ、おサル電車は廃止となる。

動物ショーは天王寺動物園でもあいかわらずおこなわれていた。戦後のショーを担ったのはチンパンジーの「シュジー」で、自転車乗りなどを披露していたが、その引退後はゴリラやオランウータンにまでおなじことをさせようとしたため、園内で批判が高まり、1975年にやめる。「貴重な類人猿の繁殖に成功もせずして、それらの自然な生態とはおよそかけはなれた演技を強いるのは、まったく動物園の使命を忘れた行為である」(『大阪市天王寺動物園70年史』)。

また、動物ショーや子ども動物園は日米にかぎられた現象ではなかった。ロンドン動物園は1938年から子ども動物園を導入し、戦後ここを充実させていた。さらに、1926〜72年のあいだ、チンパンジーの「ティータイム」（じつに英国らしい）を公開していた。上野動物園園長だった古賀忠道は1951年にロンドン動物園をたずねているが、チンパンジーがフォークやナイフを使うしぐさがおかしくて、人びとは「大笑」していたと記している。

動物ショー全盛期の産物としては、1950年代にアメリカでスタートしたイルカ・ショーがある。日本では、江ノ島マリンランド（1957年開館）が本格的なイルカ・ショーをはじめ、のちに全国の水族館が導入していまにいたる。イルカを捕まえて芸をさせることについては、紙幅の都合でくわしくとりあげる余裕はないが（『水族館の文化史』で論じている）、集中砲火を浴びやすい演目であるのは後述する事情をみればわかるだろう。

戦後動物園のもうひとつの「闇歴史」は、珍獣づくりだ。関西を中心に、オスヒョウとメスライオンを組みあわせたレオポン、タイポン（オストラ＋メスレオポン）、ライガー（オスライオン＋メストラ）、タイゴン（オストラ＋メスライオン）をつくりだすことが試みられた。阪神パークは、1959年にレオポンを誕生させている。天王寺動物園も、1975年にライガーを3頭産ませることに成功するが、彼らがすぐに死んでしまうと、見世物主義的で「種の保全」(後述)ともかかわりのない無意味な実験と批判され、中止することとなる(Guillery 1993, 石田 2010、恩賜上野動物園 1982、古賀 1952、鈴木 2003、大阪市天王寺動物園 1985)。

しかもこの時代、動物園は一種の遊園地とみなされがちであった。若生謙二は、これも戦前から続いた傾向で、とくに鉄道が設立した遊園地型動物園のインパクトが強かったとみている(105ページ参照)。逆に、従来の動物園に遊園地が併設されるようなこともあり、これが日本全国に定着していった。

ひとつ例をあげるなら、神戸市立王子動物園(図2)がある。動物園と遊園地がセットになっており、子どものころ通っていた筆者自身、どちらがメインなのかわかっていなかった。そもそもここは、日本貿易産業博覧会「神戸博」(1950)がおこなわれた王子公園に残っていた「遊園地の活用と手狭な諏訪山動物園を移転拡張させるため」(神戸市立王子動物園 2001)につくられた経緯があり、開園当時から中心部に遊園地が存在しつづけている。

図2：王子動物園の遊園地（現在の様子）

同様の流れはアメリカにもあり、たとえば「ランドスケープ・イマージョン」という先進的な展示を導入することになるウッドランド・パーク動物園（シアトル、第6章参照）にもかつては遊園地がついていた。また遊園地と動物園が融合した「ブッシュ・ガーデン」（タンパ、1959）や「シーワールド」（サンディエゴ、1964）が開園している。シーワールドは、イルカやシャチのショーで有名な海洋型テーマ・パークである。なお、戦後に発展した新しい飼育施設に、サファリ・パークがあるが、これについては第6章でくわしくふれることにしたい。

ところで、この時代に誕生した、典型的な飼育舎とはどのようなものだったのだろう。アメ

図3：ワシントン国立動物園のライオン・エリア。1962年のマスタープランにもとづき建設され、1976年に公開

リカでは、ハーゲンベック流に柵をもちいず展示することが主流となったが、必ずしも飼育エリアは、動物が属する環境を再現したものではなかったという。若生はミルウォーキー動物園、ワシントン国立動物園（図3）、フィラデルフィア動物園に新設された展示を例にあげながら、「一般に、この時代の無柵式展示では、床や背壁にコンクリートが直線的に使用されたり、擬岩や擬木、植栽の抽象的な造形化が追及《ママ》された［……］。また室内展示においても、タイルやコンクリートが直線的に用いられた」と述べている。

　こうした飼育エリアは、モダニズムの影響が強いという。モダニズム建築は、機能性にすぐれ、合理的なつくりであることを重んじる。1962年にフランクフルト動物園に設立されたサル舎もその典型だろう。内部はタイルばりの空間がずらりとならび、来園者側にはガラスがはられている。ガラスは少し傾けられて、反射のせいで動物がみえなくなることを防いでいた。なぜタイルばりなのかというと、掃除がしやすいからである。外側のエリアは、丸いコンクリート製の島であるが、サルたちが身を隠す場所もほとんどない（図4・5）。「サルたちはみずから内へ、外へ移動できるとはいえ、保護されていない展示物のままである」と建築学者ナターシャ・モイザーは評している（Meuser 2018, 若生 1993）。

この施設のサルたちは、風呂場かトイレの住人みたいである。もちろん、このような飼育スタイルは、フランクフルト動物園にかぎられた話ではないし、アメリカの動物園にもまだまだたくさんあった。あとで紹介する事例に比べれば、フランクフルトの飼育舎はましなほうである。

動物の入手や飼いかたにたいする疑問

戦後、動物園がふたたび人気を博するいっぽうで、周囲の状況はしだいにかわりつつ

図4・5：フランクフルト動物園のサル舎

あった。まず、野生動物の入手が難しくなった。最大の原因は、第2次大戦であった。世界レベルの混乱のせいで、かつての貿易ルートが崩壊、大規模な動物取引ができなくなった。おまけに戦後、西洋の支配から独立した国ぐにには、野生動物の運びだしを制限しはじめた。

また1968年に、輸送中に窒息死した動物や、狭いオリに閉じこめられた動物のことが、『ライフ』誌によって写真入りで報じられると、動物取引はますます困難なものとなる。これにくわえて、世界中の野生動物が急速に減りつつあることも広く知られるようになった。ロンドン動物園で働いていたことのある、動物学者デズモンド・モリスは、「われわれは動物園をもつべきか？」という記事（『ライフ』1968年11月8日）で、つぎのように述べている。

議論されるところでは、動物園の最盛期は、アフリカがまだ「もっとも未開で」、大胆な冒険者たちが、エキゾチックで驚異的な生きものを初公開するために連れかえってきた時代にさかのぼる。今日、ひとは休暇中にサファリにいって、生きものたちが本来の生息地を歩きまわるのをみることができる。もしそうする余裕がなければ、映画館のワイドスクリーンがその経験を近所まで運んできてくれるし、テレビの小さな画面は、まさにお茶の間までもってきてくれる。同時に、地球上のほとんどすべての地域で、野生動物が消えつつある。わたしたちは、自然からわずかに残っている富を略奪しても、ほんとうによいのか？

このようにモリスは、動物園は欧米人が異国の自然を好き放題にあつかっていたころの産物であったが、観光やメディアが発展し、動物の減少も知られるようになったいま、動物園は従来のままでは立ちゆかなくなってきていることを指摘している。

動物の飼育環境にも、厳しい目が向けられるようになった。動物のあつかいを改善してほしいという要望は、動物園の創立期からあった。だが1960年代以降テレビが普及し、自然ドキュメンタリー番組をとおして、自由に生きる動物の姿をみるのがあたりまえになってくるにつれ、動物園のイメージはますます悪化した。動物のことを知れば知るほど、動物園のオリは「刺激があるというよりは悩ましい、おもしろいというよりは憂鬱にさせる」（モリス）ようになってきたのだ。

動物を不当に拘束しているという批判にたいしては、かつて動物園はダーウィンの理論を引っぱりだして、自然界で過酷な生存競争にさらされるぐらいなら、動物園にいるほうが、動物にとっては幸せだと反論していた。それに、そもそも動物と人間は感じかたが違うから、「自由を失うこと＝幸福を失うこと」とはかぎらない、という主張もあった。

だが、こういった考えかたは、清潔だが不毛なタイルばりのオリをならべただけの「バスルーム時代」をもたらしてしまう。動物園デザイナーのジョン・コーは、何でもテクノロジーを中心にして考える当時の態度もその背景にあったと指摘する。お風呂みたいなタイルばりのオリは、科学技術を駆使して「ばい菌」を排除しようと試みた結果、生まれたものであったのだ（Baratay 2004, Coe 2006, Hanson 2002, Morris 1968）。

ただ、そのような異様な環境が動物たちにストレスを与えないはずはなかった。モリスは、動物園ではしばしばぞっとするような光景に出くわすと述べている。

たとえば、狭くてなにもないオリに入れられたチンパンジーは、そのすぐれた能力を発揮する機会がないので、しかたなしに自分の体で遊ぶしかなくなる。その結果、糞を壁にぬりたくったり、耳にワラをおしこんだり、手をたたいたり、決まったパターンでぐるぐる動きまわったり、おなじく隣のオリに入れられた仲間に向かってギャアギャア怒鳴ったりする。あげくはフラストレーションをためて、自傷行為におよぶ。

また、チンパンジーが来園者に向かってものを投げつけたり、ライオンが尿をひっかけたり、クマが風変わりな姿勢でエサをねだったりするのは、腹がすいているからというより、不毛な空間では一種の気晴らしになっているからだとモリスはいう。とくに動物にとって、エサをねだる演技をしたあと、人間がバカみたいにおなじ反応をする(歯をみせて、「おお」といいながらピーナッツを投げてくる)のはせめてもの慰めなのだ。

モリスは、「旧態依然とした動物園」の特徴をこう述べる。まず、狭い土地にできるだけ多くの種類の生きものをみせようとするから、きゅうくつでおなじかたちをしたオリをならべる。維持費削減のために、オリの外側には耐久性をもたせる。いっぽう、内部はブラシでこすってきれいにできるように、タイルやコンクリート板でできていて、葉、枝、岩などはいっさいない。「これらはすべてとても合理的《ロジカル》である。だが不幸なことに、さほど動物学的《ズーロジカル》ではない」。

元サンノゼ動物園園長のピーター・バテンによる、1970年代アメリカの動物園の描写も印象的だ(図6)。彼は、多くの施設において、類人猿(オランウータン、チンパンジー、ゴリラなど)が、狭く(たとえば広さ約2・4×3メートルのオリ)、暗く、不潔で刺激のない、監獄とよんだほうが正しい空間に閉じこめられていたことを強調する。ちなみにフィラデルフィア動物園では、ゴリラ舎のタイルに、定期的に水を流す水洗システムが導入されていたが、それは「男子便所みたいな外見にはふさわしいものだった」。

他の動物園でも、鋼鉄製のバレルのようなねぐらしか与えられず、寒さに縮みあがっている動物たちがいたし、仮に暖房設備があっても不十分だったり不適切だったりする。動物やひとに危険な展示も多い。リトルロック動物園では、柵の内側にトゲをつけた結果、ゾウに傷がついていた。ボルティモア動物園は、キリンがスロープをおりてきて、その頭がちょうど来園者のうえにくる展示をした結果、来園者がキリンをなでたり、いっしょにいるダチョウが彼らの足をつついたりしていた。トピーカ動物園では、柵が低すぎて、手をのばせば文字どおりワニと「ふれあう」ことも

図6：ピーター・バテン『生きた記念品』の表紙

可能だった。
捕獲、劣悪な環境、騒音、来園者によるいじめなどが原因でノイローゼになり、異常行動をする生きものも数多く紹介されている。彼らは、ひたすらおなじルートを行き来したり（クマ）、何回も何回もうなずいたり（ホッキョクグマ）、角が柵や壁にぶつかってとれてしまうほど首をふりまわしたりする（サイ）。つぎのような文章もある。

ニューオーリンズは、ヨーロッパ的な魅力とすばらしいクレオール料理にくわえて、アメリカ最悪の動物園を提供してくれる。この荒廃したバスティーユ監獄では、オスのジャガーが、汚れて小さくてぞっとする色のオリのなかを、いったりきたりし、コーナーのひとつで立ちあがり、発作的に頭をうしろにふる。このパフォーマンスを、われわれが訪問したあいだずっとくりかえしていた。

さらにバテンは、動物園では動物の数が過剰になりがちだという。これは、動物が多ければ多いほど、園長の威信が増すと考えられているからだ。いっぽうで、動物が遭遇する事件・事故については口を閉ざしがちだが、じっさいには、彼らは心ない人びとによって、盗まれたり、石や花火を投げつけられてケガをしたり、投げこまれた異物を食べて死んだりしている。来園者が危険動物エリアにジャンプ・インするとか、動物をいじめて逆襲されることもあるが、そうした事件を締めくくるのはたいてい射殺（もちろん動物の）である。

死亡率も動物園が公表したがらないデータで、公表するときはごまかすことも多かった。よくある手は、展示をはじめて3カ月以内に死んだ動物は計算に入れないというものだ。また動物園は、繁殖して過剰になった動物を、しばしば他の業者に売却するが、その後の運命は悲惨である。

たとえばベリーズ（中米の国）では、カーティス・プロックという事業家が、アメリカの動物園生まれのジャガーを使った一種のハンティング・レジャーを営んでいた。飛行機で連れてこられたジャガーは、むりやり木に登らされる。そこへアメリカ人大富豪がやってきて、撃ち殺すというわけだ。ほかにも、動物園から買いとった余剰動物たちを毛皮や頭骨目的で殺害したり、虐待したりする施設が報告されている（Batten 1976, Morris 1968）。

「ズー・チェック」運動のはじまり

もちろん、ずさんな動物の管理は、アメリカにかぎった話ではない。1950年以降にヨーロッパでつくられた動物園の大半は、元ハンターや元飼育員といった、一個人によってつくられたプライベートな施設だった。これらはとくに南欧と東欧に多く、資本がじゅうぶんでないうえに、目先の利益を追いかける傾向があることから、狭苦しいオリやフェンスをはった穴ぐらのようなひどい場所で動物を飼っていた。

こんな調子であったから、動物園を改善、ないしは廃止すべきだという動きが出てくるのはほとんどあたりまえであった。「すでに、多くの人びとが動物園は廃止し、純粋でシンプルな庭園か、学術的かつ科学的な研究所にかえてしまうべきだと信じている」とモリスは書いている。

フランスでは、1973年には、「若き動物の友」(Jeunes Amis des animaux)などの動物保護団体が、ジャルダン・デ・プラントのすさんだ飼育環境にたいするデモをおこなった。1974年には、世界野生生物基金(World Wildlife Fund, WWF、いまの世界自然保護基金)の代表者を含む一団が野生動物の輸入を手がける会社「トロピカニム」の敷地を占拠して、そこが小さなオリのなかで息絶えた動物の山と化していることを暴き、大変な反響をよんだ。

おなじ年には、ヴァンサンヌの動物園においてやってきたばかりのパンダが死ぬという不祥事が発生、これらの事件が原因で、フランス政府は動物の輸入や飼育施設の開設にかんする新しい法律を定めなければならなくなった。

イギリスでも、動物園ライセンス法（１９８１）によって、動物の獲得を制限し、環境に注意を払った最低限の飼育基準が定められた。アメリカでは、１９６６年の時点で「動物福祉法」が成立し、動物園での生きもののケアに基準がもうけられ、さらに毎年監査を受けなければならないとされていたが、バテンの記述から察するに、なかなか改善にいたらなかったようだ。

やがて１９８４年2月19日、動物園にとって大きなターニング・ポイントになったとされる記事が、『パレード』誌に載る。そこでテーマになったのは、「アメリカにおける動物園ワースト10」だった。ボストン、アトランタ、ブルックリンなどの動物園が、設備や飼育が劣悪だとして批判された。これが契機となって、人びとはあらためて、自分たちの町の動物園もおなじ状態ではないのかと関心をもつようになったと、科学史家エリザベス・ハンソンはいう（Baratay 2000/2004, Hanson 2002, Morris 1968）。

「ズー・チェック」運動がはじまったのも、１９８０年代だ。これは、イギリスのヴァージニア・マッケンナとビル・トラバースという俳優夫妻がはじめたものだ。

このふたりはライオンの子どもを育て、野生にかえすというストーリーの『野生のエルザ』（１９６６。原題はBorn Free、「自由に生まれて」の意）の撮影にたずさわった。その後も野生動物をテーマにした映画やドキュメンタリーにかかわっていくが、そのひとつが『スローリーという名のゾウ』（１９６９）だった。この作品では、「ポール・ポール」という、幼くして捕獲された子ゾウといっしょに映画撮影したのだが、ポール・ポールはその後ケニア政府によりロンドン動物園に譲渡される。

マッケンナたちが動物園をたずねたとき、そこにいたのは意気消沈したポール・ポールだった。そこで彼女らは、かつての撮影仲間の解放を求めて運動するようになるが、ポール・ポールは１９８３年に16歳で早すぎる死をむかえてしまう。

これをきっかけに、マッケンナたちは「ズー・チェック」（１９８４）という団体を設立、動物園監視運動をおこなうようになった。なおズー・チェックは、他の団体とともに「イントゥ・ザ・ブルー」というキャンペーンを開始、イギリスにおけるイルカ飼育を中止に追いこんだ。イギリスで最後のドルフィナリウム（イルカ飼育施設）が閉鎖されたのは１９９３年である（ズー・チェック＝現ボーン・フリー財団公式サイト）。

カギとなるふたつの考えかた──「動物の福祉」と「動物の権利」

上記の運動は、「動物の福祉《アニマル・ウェルフェア》」や「動物の権利《アニマル・ライツ》」をめぐる動きとも連動している。かんたんに説明しておくと、「動物の福祉」運動は、動物にたいする虐待防止を優先し、そのルーツは動物虐待防止協会が欧米で設立された19世紀にさかのぼる。これを支持する人びとの関心はもっぱら、動物園において、生きものたちがいきとどいたケアを受けているか、ひどい監禁状態に置かれてはいないか、といった問題であった。

しかし１９７０年代になると、これよりもっと過激な「動物の権利」を主張する一派が登場した。彼らの思想に土台を提供したのは、哲学者ピーター・シンガーの著作『動物の解放』（１９７５）である。シンガーはいう。すべての生きものは──ひとであっても動物であっても──苦痛を感じることができるのであれば、その苦痛は平等に配慮されるべきだ。そして、ひとか動物かを基準にして判断することは「種差別《スピーシーシズム》」である（彼はこれを人種差別や性差別に匹敵するものとしている）。

シンガーは、動物が感じる苦しみと、人間が感じる苦しみのあいだに差がある可能性は認めている。オリに入れられたときの反応も、これに含まれよう。しかしそれでもなお、人間の苦痛だけを重んじるのは種にもとづく差別だとして、つぎのように書く。

たとえわれわれが、それをすると動物は重大な影響を受けるが、やらなくても人間の利益が大きくそこなわれることはないということがかなり確実である場合にのみ動物に苦しみを与えることをやめるだけだとしても、次のようなさまざまな領域で動物に対する扱いを根本的に変えざるをえないであろう。すなわち、われわれの食事の内容や、採用する家畜飼養の方式、科学の多くの領域における実験方法、野生動物への接し方や、狩猟、わな猟、毛皮を着ることに対する態度、そしてサーカスやロデオや動物園のような娯楽の領域である。（戸田清訳）

さらに哲学者トム・リーガン（レーガン）は、一歩進んで、動物には普遍的な権利が備わっていると説いた（『動物の権利の擁護論』1983）。このさい彼は、知覚、記憶、願望、幸福感、未来を感ずる力などをもち、感情をもって生活できる生きものは、「生の主体」であり、それがひとであろうと動物であろうと、敬意をもってあつかわれるべきとしている。

動物にも権利があると主張する人びとは、人間が他の動物のうえに君臨することがあたりまえとは考えない。個々人に権利があるように、個々の動物にも守られるべき権利があるとみなす。とすれば、彼らを「拘束」する動物園は、ナチの強制収容所みたいなあるまじき施設ということになる。

つまり、「動物の福祉」運動家が飼育動物の状態を気にすることはあっても、かならずしも動物園不要論にいたるわけではない。これにたいし、「動物の権利」運動家は、動物園という存在そのものを認めないのだ（Regan 2004, シンガー ２００２、浜野 ２００９、一ノ瀬 ２００６）。

「環境」が社会を動かす

さらに視野を広げると、１９６０〜70年代は、動物を含む自然環境そのものの大切さがはっきり認識された時代にもあたっている。とくにアメリカ合衆国においてそうだったが、そこには歴史的な背景がある。

アメリカ人の大半にとって、自然とはもともと征服すべきものであった。「開拓は善であり、開拓を拒む自然は悪である」（岡島成行）という考えのもと、アメリカ大陸の東海岸から西海岸へと、自然（と原住民）を排除しながらこの国は拡張した。いっぽうで、ヨーロッパと張りあえるような伝統文化をもたなかったアメリカ人にとって、スケールの大きな自然は、これぞわが祖国という愛国心を奮いたたせるものでもあった。

それゆえに、アメリカが誇るべき景観は保護すべきという発想が早いうちから芽ばえ、イエローストーン国立公園（１８７２）やヨセミテ国立公園（１８９１）が生まれた。また19世紀から20世紀前半にかけて、野生動物や自然の保護をめざす「全米オーデュボン協会」「シエラ・クラブ」「アイザック・ウォルトン・リーグ」などがつぎつぎと結成された。

科学ジャーナリストの岡島成行によると、アメリカの自然保護はもともと、自然をそのまま残すのではなく、すばらしい景観を保存するという意味合いが強かった。しかし、ここに「エコロジー」という、新しい視点がくわわる。

エコロジーとは、もともとドイツの動物学者エルンスト・ヘッケル（１８３４〜１９１９）が生んだ言葉で、「生態学」と訳される。ダーウィンの熱心な支持者として知られるヘッケルは、神がすべての生物を設計したというキリスト教の教えを拒否し、無機

図7：アルド・レオポルド（左）

物から生命が生まれて今日まで進化してきたという説を展開した。
　そんな彼が、何が生きものに進化をうながすのかを考えたとき、それは彼らをとりまく他の生物や気候、土壌、水といったさまざまな要因だとした。そして、そうした「さまざまな要因のかかわり」を調べる学問こそ、ドイツ語でいうところのエコロギー＝生態学だったのである（佐藤　2015）。
　こうしたエコロジカルなものの考えかたは、人間を含む生きもの同士の関係はもちろん、生物と無機物のかかわりをも視野に入れながら、自然を理解することを助ける。アメリカの生態学者アルド・レオポルド（1887〜1948、図7）は、まさにその視点にたって、「土地倫理」をうたった。

なにやら難しく聞こえるが、要するにある土地は、動植物はもちろん、土壌や水からなるひとつの「共同体」であり、その構成員は支えあって生きている。そして人間もまた、その一部にすぎない。

これまでは、ある動物の保護を訴えるばあい、それは人間の経済に役だつから残すべきだ、というような論法だった。しかし、いかに経済的価値のない動物といえども、抹殺したらその土地のバランスを崩し、ひいては構成員全体に悪影響をおよぼす。一見価値がない種でも、共同体の安定に欠かせないのだから、彼らだって生きてゆく資格がある。つまり土地倫理とは、動植物、水、土壌といった「資源が存続する権利、少なくとも場所によっては自然の状態で存続する権利を保障する働き」(新島義昭訳)をするものだ。

レオポルドは、ひとの手がついていない原生自然《ウィルダネス》の大切さを説き、これが「ウィルダネス協会」(1935)の設立に結びつく。それは、人間のために一部の景観を守るのではなく、環境そのものを守るという流れを示すものだった。

岡島によると、ウィルダネス協会、全米オーデュボン協会、シエラ・クラブのいずれも、1960年代から80年代にかけて、約5万人以下だった会員数が、約30万〜55万人に膨れあがっている。これはもちろん、各協会が熱心に運動したからでもあろうが、ちょうどこのころ、多くの人びとが環境問題を意識しはじめたことも大きい。

この転換点を記したのは、海洋学者レイチェル・カーソンの『沈黙の春』(1962)である。本書は、緻密な調査をもとに、化学薬品や農薬がもたらす環境破壊に警鐘を鳴らしたが、半年で50万部が売れた。これはやがて、全米規模で環境保護を訴えた「アース・デー」(1970年4月22日。以後もこの日に定着)につながってゆく。この日、約1500の大学、2000の地域、1万の学校で集会がおこなわれ、「まさにアメリカ中がエコロジー一色になった」(岡島)。

環境問題は、やはり公害に苦しんでいた日本やヨーロッパでも強く意識されるようになり、やがて1972年にストックホルムで開かれた「国連人間環境会議」に結びつく。そこでは、「かけがえのない地球」のために、天然資源や汚染物質をどう管理するか、開発とどう調和させるかが話しあわれた。ちなみに、この会議の行動計画にしたがって、「絶滅のおそれのある野生動植物の種の国際取引に関する条約」(ワシントン条約、1973)が締結されている。

科学技術社会学者の鬼頭秀一がいうように、個々の動物に権利を認める考えかたと、環境全体を守るという発想には違いがある。それに、環境を守るのは人間のためか、環境それじたいのためかという点でも意見がわかれている。それでも、動物には固有の価値があるとみなしたり、人間もまた環境の一部にすぎないとする発想は画期的だった。

こういった発想は、キリスト教をベースに、人間が自然を支配することをあたりまえとし、文明の進歩によっていずれは万人が幸福になるという、人間中心主義的な考えかたにはそぐわない。じっさい科学史家リン・ホワイト・ジュニアは、1967年に、キリスト教こそが環境問題の根っこにあると主張して議論を巻きおこした。ホワイトは、キリスト教は「世界がこれまで知っているなかでももっとも人間中心的な宗教」（青木靖三訳）であり、いまもなお西洋人（ならびにその技術を受けついだ諸国民）の態度を決めているから、これを改めないことには環境問題の解決は難しいと述べた。

「生物多様性」という言葉も、しだいに語られるようになった。この言葉が公の場に登場したのは、米国科学アカデミーとスミソニアン協会がスポンサーとなって開催した全米フォーラム（1986）以来だといわれる。こののち、「生物多様性」は、個々の種ではなく、野生の生きもの全体を守ることが大切だというのを伝えるために、好んで使用されるようになっていく。「人間中心主義から生命中心主義へ」という発想の転換が、うながされはじめたのである（Hancocks 2001, 岡島 １９９３、鬼頭 １９９７、高岡 １９７３、ホワイト １９７２）。

ここであらためて、動物園をみてみよう。動物園は、もともとひとがひと以外の生きものを支配することを前提として生まれた。しかしこの前提が崩れはじめた１９６０〜70年代以降、野生動物を捕獲したり、不毛なオリで飼育したりするのは困難となった。動物たちに最低限のケアや空間を与えることは絶対条件となる。

さらに、生きものを、おなじ環境にある植物や地形から切りはなして展示することが（動物ショーはいうにおよばず）、自然ドキュメンタリーをみたり、エコロジカルな考えかたをするようになった人びとには、いかにも不自然なものと映るようになった。

先述のモリスはいう。動物園にはふたつの可能性がある。いまの状態を脱却して、自然が減少していく時代にむしろ欠かせない場所となるか。それとも「非常によくあるかたちでの、みすぼらしくて小さな動物スラムとして存続し、あげくは非合法化され有罪宣告を受けるか」。

動物園は、岐路に立たされつつあった。

動物ケアの改善と繁殖計画

この新しい流れに直面して、動物園がまずとりくまねばならなかったのは、飼育環境の改善であった。とくに、より洗練されたかたちで動物の健康を保つ必要が生じた。これは彼らを苦しませないだけでなく、より自然に近い環境（＝植物が多い反面、タイルばりのオリほどには清潔でないところ）で飼うためにも欠かせないからだ。

抗生物質と「キャプ＝チャー銃」の開発は、動物の健康維持に役だった。キャプ＝チャー銃は、狩猟用の動物を管理するために生まれた一種のエアガンで、抗生物質や麻酔薬の入った注射器を発射する。ワシントン国立動物園ではじめて使用され、さらに１９５９年の国際動物園園長連盟（のちの世界動物園水族館協会）会議をつうじて広く知られるようになった。

これが導入されるまでは、獣医とスタッフがバッファローやワニをむりやりおさえて治療するような荒業が演じられており、動物にも人間にも大変なストレスを与えていたのである。いまでは、ＭＲＩ、ＣＴスキャン、光ファイバーや内視鏡をもちいた手術が動物にも応用されるようになっている。

「環境エンリッチメント」も注目されるようになった。エンリッチメントという語は、辞書には「豊かにすること」とか「濃縮」とあるが、環境エンリッチメントは動物の退屈をまぎらわし、野生でみられるような行動をうながす手法だ。単純な例でいうと、動物にエサの入ったボウルをただ差しだすのではなくて、飼育エリアのあちこちに置いておく。すると動物たちはエサを探す楽しみをみいだすことができる。「環境エンリッチメント」には、野生にもどしたときにすべき行動をトレーニングしたり、足をあげるのを覚えさせて診療を容易にしたりすることも含まれる。

動物福祉を改善するだけでなく、繁殖をとおして動物コレクションを維持することも本格的にはじまった。動物園で、ライオン、シマウマ、カバ、ホッキョクグマなどが子どもを産むことは、もちろん以前からあった。しかし、それは動物園のすぐれた飼育をアピールしたり、来園者をよびこんだり、他の施設に売って臨時収入を得るという以上の意味はなかった。また、それぞれの動物園は、自分たちの生きものの繁殖記録をもっていたが、ライバルとその情報をやりとりするという発想がなかった。

ヨーロッパ人は、この点ではアメリカ人よりも先駆的だったとされる。たとえば1923年に、ヨーロッパの動物園はヨーロッパバイソンの国際血統台帳を発行し、協調して繁殖するようになっていた。

ともあれ1962年の時点で、国際動物園園長連盟は、オランウータンのような、絶滅にひんした生きものの捕獲をやめることを決めた。さらに同連盟は1964年、国際自然保護連合（International Union for Conservation of Nature、IUCN）とともに、絶滅にひんした動植物の取引を、世界レベルでコントロールすることを要求している。IUCNとは、1948年に設立された、世界的な自然保護組織のことである。

この流れは、やがて「国際種目録システム機構」（International Species Inventory System, ISIS、1973）の設立にいたる。ISISは、世界中の動物園で飼育されている動物を追跡し、動物の遺伝や医療にかかわるデータベースをつくる。これをもとに、絶滅にひんした種について、動物園において自立するほどの数がいるかどうかをみきわめることができるのだ。

ISIS設立をよびかけたのは、心理学者にして生化学者ユリシーズ・シールで、最初に55の欧米の動物園が参加した。はじめのころは、メンバーが集めた記録のカーボンコピーを、ミネソタ動物園においてキーパンチで穴をあけ、ミネソタ州のメインフレーム・コンピュータに読みこませることで、情報を蓄積していた。

ＩＳＩＳは、やがて独立した非営利・非政府団体となり、「国際種情報システム機構」（International Species Information System, 略称そのまま、１９８９）、さらには「スピーシーズ３６０」（２０１６、図８）と名をかえていまにいたる。情報管理のやりかたも進化し、２０１１年以降はインターネット・データベース「動物学情報管理システム」（Zoological Information Management System, ＺＩＭＳ）を運営するようになった。

ＺＩＭＳは、現時点で２万２０００種にのぼる生きものの情報を保管しており、スペイン語版、ロシア語版、日本語版も存在する。さらにこのデータベースは、動物の管理、医療、血統台帳などのパートをもつ。たとえば「ＺＩＭＳ血統台帳」は、世界の５００以上の血統台帳を登録しているが、日本動物園水族館協会も１００の血統台帳を提供することになった。

図８：スピーシーズ360のロゴマーク

スピーシーズ３６０は、２０１９年の時点で99カ国の動物園、水族館、大学など、１２００以上のメンバーをかかえている。彼らがとりくむのは、「管理、エンリッチメント、医療ケア、福祉、繁殖、個体数マネージメント、生物多様性」（スピーシーズ３６０

公式ホームページ）といったテーマである。

動物園が、園内で繁殖し、野生にもどすことに成功した生きものに、ゴールデンライオンタマリン（オマキザル科）がいる。１９７０年代に、ブラジルの生息地が98％も失われたせいで、ゴールデンライオンタマリンは数十頭を数えるのみになった。このとき、ワシントン国立動物園のよびかけで、各動物園はゴールデンライオンタマリンの捕獲をやめて、かわりに国際血統台帳をつくった。

このとき飼育されていたのは、オス46頭、メス23頭だった。動物園は、これらの所有権を放棄し、繁殖コーディネーターにゆだねる。その結果、ゴールデンライオンタマリンは５００頭に増加、１９８４年には野生にもどすことに成功した。この体験をもとに、アメリカ動物園水族館協会は種生存計画（Species Survival Plan, ＳＳＰ、１９８２）をつくることにした。なお種生存計画には、ヨーロッパ版、インド版、オーストラリア版、日本版なども存在する。

ちなみにＩＵＣＮも、１９８７年に、激減してしまった生きものの繁殖プログラムの必要性を訴えている。これを受けて93年には「世界動物園保全戦略」にもとづき、保全の必要性に応じて動物を繁殖していくことが決まった。ＩＵＣＮと動物園の橋渡しをするのは、保全繁殖専門家グループ（Conservation Breeding Specialist Group，ＣＢＳＧ）である。彼らは野生にいるどの種を優先して守るべきか、動物園での繁殖が必要になるかを判断する。

それにしても、このアルファベットの略称の洪水はなんとかならないものかと思うが、要するに、世界の動物園が情報を共有して、絶滅しそうな生きものをいっしょに助けましょうということだ。

現在、野生化に成功した生きものには、ゴールデンライオンタマリンのほかに、ヨーロッパバイソン、シフゾウ、クロアシイタチ、ハワイガンなどがいる。21世紀初頭には、ＩＳＩＳに登録されている哺乳類の90％、鳥類の75％が動物園生まれとなっていた。シベリアトラのように、自然界よりも動物園にいるもののほうが多い種や、モウコノウマのように、野生ではすでに絶滅し、動物園でのみ生きながらえているものもいる（Hancocks 2001, Hanson 2002, Nogge 2001）。

「ノアの箱舟」は動物園のあるべき姿なのか？

これだけをみていると立派な話に聞こえるが、動物園での繁殖にはいろいろな問題が指摘されている。動物園で繁殖できる種の数は、100単位、よくて1000単位という。今後100年のあいだに、100万〜500万種が絶滅するのではないかといわれているから、動物園にできることは微々たるものだ。

しかも、繁殖した生きものをもとの生息地に放っても、そのまま環境になじむとはかぎらない。たとえば、動物園はおとなしい個体を選んで繁殖させる傾向がある。しかし野生においては、むしろあつかいにくくて攻撃的な個体のほうが、生き残りに欠かせない遺伝子をもっているかもしれない。ほかには、繁殖を重ねるうちにじょじょに形が変化したり、肥満の傾向があったり、神経システムに変調をきたして長距離移動ができなくなったり、防衛本能がなかったりする。

もともと動物園は、繁殖目的でつくられた施設ではない。むしろ、動物たち本来の活動ができて、ひとの干渉も少ない大きな土地のほうが適している。だから、ブロンクス動物園はジョージア州のセント・キャサリンズ島に、ワシントン国立動物園はヴァージニア州のフロント・ロイアルという土地に、繁殖用の土地をもっている。

動物園は、しばしば聖書を踏まえて、大洪水から動物を救った「ノアの箱舟」にみずからをなぞらえる。しかし、箱舟づくりに精をだすよりは、生きものたちを滅ぼす災厄そのものを防ぐほうがよいのではないかと考えるひともいる。その土地を守るほうが、多様な動植物、とくに保全の対象にはなりにくい昆虫なども守ることができるのではないか、と。

そもそも種生存計画（ＳＳＰ）には、動物園そのものの維持を目的としている面がある。野生動物をかんたんに捕まえられなくなったいま、繁殖しなくては動物園がなりたたないからだ。だからＳＳＰは、むしろ動物園のための「自活プログラム」（Self Supporting Program）といったほうが正確だろうとデイヴィッド・ハンコックス（ウッドランド・パーク動物園の新展示を率いた人物。次章でふたたび登場する）は皮肉っている。

それに「動物園はほぼ完全に、彼らにとって重要な生きものを繁殖することに夢中だ。自然にとって重要な生きものではない」（ハンコックス）。動物園が保持したがるのは、来園者が喜ぶ魅力的な生きもの――トラ、ゴリラ、カリフォルニアコンドル、サイなどだ。

いっぽうで、一部の種をピックアップして守ることだって大切だという意見もある。ケルン（ドイツ）で動物園園長をつとめたグンター・ノゲによると、それぞれの地域の環境を代表する生きものは、「旗艦」としての役割を果たす。たとえば動物園がトラの繁殖と野生化にとりくめば、地元に自然保護区をつくり、猟を禁ずるという動きにもつながってゆく。それは結局、その地にいる動植物全体を守ることにもなるというわけだ。生きものを生息域外（たとえば動物園）で保全することは「域外保全」という。これにたいして、生息域内で保全することを「域内保全」というが、結局、両者は対立するのではなく、補いあう関係にある（Baratay 2004, Hancocks 2001, Nogge 2001）。

域内保全に熱心にとりくんでいることで有名なのは、ブロンクス動物園である。第2章でも少しふれたように、19世紀末の設立当初から、同園は米国内の保全プロジェクトに熱心で、１９５０年代以降は範囲をアフリカに拡大、かの地の環境にかんする研究や反密猟プログラムを支援したり、動物を守る監視人をトレーニングしたり、野生動物保護公園の新設にかかわったりしてきた。

いっぽうでブロンクス動物園は、異郷の自然をできるだけリアルに体験するための、ユニークな展示をいくつもおこなってきた。そのひとつは「アフリカ平原」（１９４１）で、ハーゲンベック式の展示を応用したものだったが、おなじ地区にすむ生きものたちがともに生息しているさまをみせるだけでなく、人間もまた、生態系の一部であることを示そうとした。

図9：ジャングル・ワールド内部の様子

この延長線上にある展示のひとつが、1985年にオープンした「ジャングル・ワールド」だ。外からだとどうということもない建物にみえるが、そのなかではアジアの森がリアルに再現されている。しかも来園者のあらゆる感覚に訴えるために、ジャングル独特のにおい、音、霧が再現されている。それは、人類学者ギャリー・マーヴィンをして「建物のなかにいるという事実を思いだすことがほとんど不可能である」といわしめるほどだ。

しかしじっさいは、この「ジャングル」には、本物の動植物だけでなく、人工物もかなり使われている。たとえば鉄材、エポキシレジン、ファイバーグラスなどが植物を再現するために使用され、岩も人工である。霧は機械によってつくられ、鳥の鳴き声もじつは録音だ。いっぽうで、まるで無限のジャングルをみているかのように、ほんとうの奥行きがわからないように工夫されている。この展示空間を、来園者はまるでシアターをみるような感覚で歩いていく（図9）。

つまりブロンクス動物園は、園外では生きものたちの生息地の保全にとりくみ、園内では生息地を体験することを重視しているのだ（Hancocks 2001, Marvin 1999）。自然をシミュレートした施設で飼うことにより、動物を狭苦しいオリやショーから解放し、同時に環境の大切さを伝える。いっぽうで、娯楽的な要素を完全になくしてしまうのではなく、人びとにワクワクする体験をもたらす。

生きもの展示をめぐる、新たなる冒険に旅立つことにしよう。

第6章 新たな地平を求めて
――「支配をあらわす場」から「共生をあらわす場」へ

サファリ・パークの登場

前章では、第2次大戦後、従来型の動物園が、不毛な環境で生きものを飼っていると批判されるようになったことをとりあげた。しかしこの時代は、新しいタイプの動物飼育施設が生まれたころにもあたる。ハーゲンベックが画期的な展示をおこなったのがまだ20世紀初頭であったように、動物展示は、決して一本道をたどってきたわけではない。さまざまなバリエーションが存在するなかで、時代の流れに適合していたために太い支脈となってゆくものがたびたびあらわれてきたのである。

図1：『ライフ』の表紙をかざったアフリカ USA（1960年8月1日発行）

サファリ・パークは、そうしてできた施設のひとつだ。野外に動物を放ち、そのなかをトラムや自動車で移動するというスタイルは、きゅうくつなオリにいる動物をみたくないという人びとの心理にこたえると同時に、「アフリカ探検」を楽しみたいという期待を満たすものだった（「サファリ」とは、スワヒリ語で「旅にいく」という意味である）。

サファリ・パークのうち、とくに古いものとしてアメリカのフロリダに建設された「アフリカＵＳＡ」がある。ジープに乗った来園者がキリンに手をのばしている写真が、『ライフ』誌（１９６０年８月１日、図１）の表紙を飾ったことでも知られている。『ライフ』では、アフリカＵＳＡはディズニーランドやフリーダムランド（アメリカ史にまつわる体験型アトラクションがあった）とともに、当時アメリカ中で人気を博していたテーマ・パークのひとつと位置づけている。

同園をつくったのは、ジョン・ピーダーセンとその妻リリアンだった。孫のジンジャーが運営しているホームページの解説によると、彼らはもともとカーテンや家屋の販売をしていたが、1950年にフロリダのボカ・レートンという町で300エーカー（約121万平方メートル。ただし同園の広さは資料によって異なる）の土地を購入し、人工の運河、池、滝、間欠泉をつくって無数の植物をうえた。そして、イギリス領東アフリカに息子のジャックを送りこみ、7カ月かけて希少なグレビーシマウマをはじめとする野生動物を集めさせた。

アフリカUSAが開園したのは1953年である。当時の記事によると、敷地は約3メートルの電流フェンスでとりかこまれ、電気じかけのトラムやボートに乗って、動物たちが徘徊するジャングルや「ワニだらけの池」をみることができた（『サンバーナーディーノ・サン』1953年10月28日）。またホームページ上の写真では、あふれんばかりの緑、アフリカをほうふつとさせる建物、槍をもった「原住民」の様子をみることができる。

同園は、年に30万人の来園者数を記録するなど大人気であったが、騒音や人びとの往来をめぐってしだいにボカ・レートンの住人と軋轢《あつれき》が生じるようになった。これに追い打ちをかけたのが、「レッド・ティック」(*Rhipicephalus evertsi*) という、アフリカ産のダニの蔓延《まんえん》である。

レッド・ティックは草食動物や齧歯類にとりつき、疫病をもたらす。米国農務省の報告によると、ダニの有無をチェックしに検査官がアフリカUSAをたずねたところ、エランドにレッド・ティックがとりついているのを発見した。アフリカから動物にくっついてやってきたものと思われる。

農務省は、ここから「バイオハザード」が発生してアメリカの家畜に深刻なダメージがおよぶことを恐れ、アフリカUSAを隔離状態においた。そして1960年11月から翌年7月まで、3週間おきに殺虫剤を散布し、しかも、ヤシの葉などダニが隠れられそうなものはすべて撤去された (Bruce 1962)。この件が明らかにピーダーセンのやる気を失わせ——どうも一部動物も薬品で犠牲になったらしい——アフリカUSAは61年に閉園してしまう。

この少しあと、東京の多摩丘陵にある多摩動物公園 (図2) が、バスに乗ってのサファリ・ツアーを開始した。同園それじたいが、1958年にオープンした、非常に興味

図2：多摩動物公園開園当時のライオンバスの様子（〔公財〕東京動物園協会提供）

深い施設である。なぜなら、ミュンヘンのヘラブルン動物園のように動物地理学的展示をとりいれた日本初の「ジオ・ズー」だったからだ。

多摩動物公園は上野動物園の分園として計画された。もともと東洋の動物に特化することをめざし、「日本地区」、「南アジア地区」、「東北アジア地区」を置くとともに、柵をもちいない展示をすることになった。同園はオープンした年は来園者約83万人を記録するなど人気だったが、キリンやライオンといったアフリカ産の動物がいなかったためか、入園者数がのびなやむようになる。

そこで15ヘクタール（15万平方メート

ル）の土地を購入し、ここに「アフリカ園」をつくることになった。『読売新聞』の記事（1961年1月28日夕刊）によると、「キリンの家」、「ライオンの草原」、「チンパンジーの山」、「ゾウ・サイの草原」などがもうけられ、当時の表現では「カヤぶきで土人のすんでいるような家」も再現する。また「土人のタイコをならして動物たちに食事の合い図」をすることや、バスでライオン・エリアを移動する計画もあわせて紹介された。これがサファリ型ツアーである。

具体的には、地下道をとおって駅に入り、そこでバスに乗ると、コントロール・タワーの管理人が発着場の扉を開いてツアー開始となる。また、ライオンがバスの下に隠れて入ってこないように、駅の前には堀をもうけ、タイヤのとおるレールだけを残す。バスには強化安全ガラスをとりつけ、万が一エリア内で故障しても大丈夫なように、乗客が後部非常口から2台目に移れるようにしたほか、別の車両で牽引できるようにも設計した。なお駅のうえにそびえていたのは、ケニアにある「回教寺院」（イスラム教寺院）を模した建物だった（中川 1994）。

このサファリ・ツアーの構想を生んだのは、当時、園長だった林寿郎である。上野動物園のために、アフリカで動物収集した経験がもとになっている。『毎日新聞』（196

4年3月24日朝刊）は、「アフリカには同じような公園が数カ所あるが、いずれも野生動物をそのまま動物園内に囲ったもので、多摩動物公園のように、よそから連れてきたライオンを人工的に放し飼いにして見せるのは世界で初めてである」と報じている。

このライオン園が１９６４年５月17日に一般公開されると、当日のうちに２万５０００人が殺到した。しかしバスに乗れるのは１日に２４００人までだったので、大半は柵ごしに動物を眺める結果になったという（『毎日新聞』１９６４年５月18日朝刊）。

田園風景のなかの「野生空間」

多摩動物公園でサファリ・ツアーがはじまって２年後、イギリスのウィルトシャーにある美しい田園地帯に「ロングリート・サファリ・パーク」が出現した（１９６６年開園、図３）。史学者アンドリュー・フラックによれば、この地にはもともとカントリー・ハウス（英国貴族がつくった邸宅）があり、所有者が財政難に陥っていたところに、サーカス一家出身のジミー・チッパーフィールド（１９１２～90）がサファリ・パーク計画をもちこんだという。

チッパーフィールドはプリマスやサザンプトンに動物園を開いた経験があったのみな

図3：ロングリート・サファリ・パークのライオンたち（ロジャー・コーンフォート撮影）

らず、動物捕獲会社を東アフリカのウガンダにもっていた。彼はロングリートの100エーカー（約40万平方メートル）の土地を、二重のフェンス（それぞれ約4・3と1・5メートル）でとりかこみ、40〜50頭ものライオンを放った。

ロングリートのパークでは、自家用車に乗って、アフリカの「自然に忠実な」環境に暮らす動物たちをみてまわることができた。車の道路をわざとくねらせて、来園者たちが動物をあらゆる角度から観賞できるようにしてある。そしてスタッフたちは、植民者の衣服に身をつつみ、馬にまたがり、「植民地なまり」でしゃべりかけた。大英帝国華やかなりし時代よもう一度というわけである。

フラックは、ロングリートのサファリ・パークについて、いくつも重要な指摘をしている。運転手が操作するバスやトラムによる移動とは異なり、自分で車を操作して「動物に会いにいく」というコンセプトは、戦後、自家用車が浸透し、国際観光がブームになっていたイギリスの人びとの心をつかむことに成功した。

しかしこの新奇な試みは、ひとや動物に思いがけないふるまいをもたらした。ロングリートにかぎらず、サファリ・パークの動物たちは、自動車を「遊び道具」や「金属の獲物」とみなしてじゃれつくことがある。「野生動物」にふさわしからぬ行動である。また人間側にしても、いきなり車を降りて写真をとったりする来園者がたまにいた。

もちろん大半の来園者は、危険を防ぐために、自動車の窓を密閉して移動するが、これが従来の動物園とは異なる経験をもたらすことにもなった。動物園では、動物たちの音、臭い、ときには肌触りも確認できる。ところがサファリ・パークにおいては、車という「オリ」がそれらすべてを遮断する。しかも動物たちのいる風景は、みえるといっても窓枠で制限されている。そのせいで、完全な没入感が得られないのだ。

そうはいっても、この施設もまた大成功だった。オープンして最初の1年間だけで18万8500台の自家用車と580台のバスがおしかけ、その後もどんどん来園者数がふくらんで、周囲の交通網がパンクしたほどだ。その結果、来園者の一部を吸収するため、草食動物をフィーチャーした「予備地区B」がつくられた（Flack 2016）。

こうしたサファリ・パークは、その後も順調に数を増やしていった。『朝日新聞』（1975年3月5日朝刊）は、「オリで囲んだ動物園は、もはや、時代遅れ」の声とともに、世界に20数カ所存在していること、日本では7カ所で計画が進められていることを報じている。

次節では、そうしたサファリ・パークのなかでもとくに大規模なものを紹介していこう。

巨大なサンディエゴ動物園サファリ・パーク

ここに紹介する「サンディエゴ動物園サファリ・パーク」は、もともと「サンディエゴ野生動物公園《ワイルド・アニマル・パーク》」という。サンディエゴ動物園の園長チャールズ・シュレーダーが1950年代から構想し、72年にオープンした。サンディエゴから北へ約50キロ離れた土地にある。もともとは動物を捕獲しなくてもすむように、繁殖をおこなうための施設をつくるはずだったが、計画途中でサファリ・パークとして一般公開することが決まったという（*San Diego Zoo Safari Park.* n. d.）。

当時最大の目玉はモノレール式のトラム「ウガサ・ブッシュ・ライン」によるツアーで、オープン・スペースにいる動物たちを見物しながら、5マイル（約8キロメートル）もの距離を約1時間かけて移動する。このサファリ・エリアはアフリカ各地とアジアの自然を表現し、隠された障壁をもちいてゾウ、サイ、ライオン、ダチョウなど200の動物を飼育する。

サファリ・ツアーの出発点となる「ナイロビ村」はアフリカ風の建築群で、食べものやお土産（アフリカやアジア産）を提供する。ここからは、ウォーク・スルー式の大型鳥舎やゴリラなどの飼育エリアへもアクセス可能であった。（『コロナド・イーグル・アンド・ジャーナル』1972年5月11日、74年3月14日、78年6月29日）。

同園の評判も上々だった。『コロナド・イーグル』のある記事（1974年3月14日）には、こうある。

どうしてアフリカに旅して、何千ドルもの金とたくさんの日々を費やすのか。サンディエゴ野生動物公園がこんなに近くにあって、自然の状態にあるエキゾチックな

図4・5：サンディエゴ動物園サファリ・パークの様子

動物すべてをみるパーフェクトな機会があるというのに？　幻想は完璧、とくに生きものたちが長い昼寝から起きて徘徊しはじめる夕暮れどきがそうだ。

筆者がおとずれた2015年当時も、同園はトラム（ただしモノレールではない）やトラックに乗ってのサファリ・ツアーをおこなっていた。1800エーカー（約730万平方メートル）というきわめて大きな敷地のおかげで、「幻想は完璧」というのもうなずける（図4・5）。

ディズニー「アニマル・キングダム」のアドヴェンチャー体験

これよりさらに没入感を追求したのが、ディズニーの動物テーマ・パーク、アニマル・キングダム（フロリダ、1998年4月22日の「アース・デー」開園）のアフリカ区で実施される「キリマンジャロ・サファリ」（図6）だ。

アニマル・キングダムは、マイケル・アイズナー率いるウォルト・ディズニー社の新テーマ・パークとして、1989年ごろに構想された。その最大の目玉となるサファ

図6：アニマル・キングダム（開園当時）の「キリマンジャロ・サファリ」エリアで草を食べるゾウ

リ・エリアは、それだけでディズニーランドよりも大きな100エーカー（約40万平方メートル）の土地が使用され、開園当初から400頭以上の動物を放つことになった。

同エリアは、サファリ・パークと「ランドスケープ・イマージョン」（後述）の展示方法を融合したものであった。展示空間はひとと動物、さらに各種動物のあいだにいっさい障壁がない（ようにみえる）ようデザインされた。

たとえば堀やフェンスは、植物や岩で輪郭をごまかし、かつ視界に入らないところに設置している。動物用のエサ場や水のみ場も、アリ塚のかたちにするなどして、すぐにそれとはわからない。いっぽうで、動物のコントロールは徹底している。動物をみはったり、ケガした生きものを診療するエリアがみえないところにもうけられているし、監視カメラで追跡することも可能だ。

ちなみに、来園者に、人間のほうがすぐれた存在であると思わせないよう、動物たちは「みおろす」のではなく、視線がおなじ高さにくるよう配置されているが、これもランドスケープ・イマージョン展示からとりいれたテクニックである。

そこをトラック型ライドに乗って「探検」してまわるのだが、わざと道につけられた動物の足跡やトラックの轍《わだち》、水浸しの地帯、崩れかけた橋などが雰囲気を高める。またディズニーらしいことに、展示にストーリーをもたせることが重んじられている――サファリ体験は3次元の映画なのである。すなわち、「両側からカバが襲ってきそうな川」やゾウが両側をのし歩く印象的な風景をみたあと、トラックの運転手が、密猟者がゾウをしとめようとしているのを「発見」する。そして彼は来園者とともに、密猟者を追跡するレンジャーを助けるための「任務」におもむくのだ。

ディズニーのイマジニア（イマジネーションとエンジニアを組みあわせた造語）たちは、こうした展示にリアリティをもたせるために、ケニアやタンザニアに飛んで、じっさいに動物見学ツアーに参加している。そして、映像ではわからない現地の自然の色・かたちを調査するとともに、展示のストーリーを練ったという。

アニマル・キングダムには、キリマンジャロ・サファリのほかに、「ゴリラ・フォールズ・エクスプロレーション・トレイル」や、アジアをテーマにした「マハラジャ・ジャングル・トレック」といったアトラクションがあるが、同園についてもうひとつ強調しておかねばならないのは、「動物福祉や保全活動へのとりくみ」を抜け目なくアピールしていることだ。

ディズニーは、動物にかんする専門知識を得るために――つまり「地に足のついた展示をする」ために――サンディエゴ動物園から動物学者リック・バロンギを招いていた。その彼に依頼して、動物園や動物保全の専門家からなるグループを結成させる。パークのデザインをチェックし、ともすれば娯楽に傾きがちなディズニー関係者に、耳に痛いことをいうのがその役目だった。

専門家グループは、すべての展示は娯楽、教育、保全のあいだでうまくバランスをとったほうがよいと助言した。とくに「動物の権利」がとなえられている現在、保全へのとりくみが欠かせないと伝えたので、ディズニーは動物保全に貢献する「ディズニー野生動物保全基金」をもうけ、じっさいに動物保全に貢献していることを示した。

さらにバロンギたちは、「バック・オブ・ハウス」と称する、動物が夜すごしたり、病気のチェックを受けたりする設備にも注力した。アニマル・キングダムでは、展示される場所もされない場所も、それぞれ50％ずつ予算が割りあてられている。そのため、この空間にも光がじゅうぶん入り、気温や空気の管理もいきとどいている。そのうえ、がんじょうな障壁やゲートによって、スタッフの安全も確保されていた（Malmberg 1998）。

ここから学ぶことは多い。今日、動物福祉や保全、教育といった問題を軽んじて動物アトラクションを運営すれば、娯楽目的で動物を虐げているという批判を、それこそグローバルな規模で受けるはめになる。しかしディズニーは、あらかじめ各方面からの意見に耳を傾けることで、そのリスクを回避した。しかも、動物保全へのとりくみをアピールすることで、むしろ企業ブランドの価値をあげることに成功したのである。

ウッドランド・パーク動物園がもたらす没入感

ここで、アニマル・キングダムにも影響を与えたランドスケープ・イマージョン展示に話を移そう。ランドスケープとは景観、イマージョンとは没入を意味する。つまり、特定の地域の景観を細部にいたるまでシミュレートし、そのなかで動物が暮らしているさまをみせる。そして、来園者をその世界に没入させるのだ。動物の福祉が優先されるのも、この展示の特徴である。

シアトルにあるウッドランド・パーク動物園（1904年開園）は、1970年代半ばの改修にあたり、これをはじめて全面的に採用することにした。このとき、デザイン・コーディネーターとしてロンドン動物園から招かれたのが、デイヴィッド・ハンコックスである。

この改造計画をまかされたのは、「ジョーンズ&ジョーンズ」という、景観設計を専門とする会社だった（のちに、アニマル・キングダムのサファリにも関与することになる）。同社は、それまでの動物園のように、分類や地理的分布ではなく、「生物気候ゾーン」(bioclimatic zone）という概念にもとづいて展示を設計した。

この概念は、生態学者レスリー・ホルドリッジが提唱したもので、世界の土地は「気温、降水、蒸散」の3つのパラメーターにもとづいて区分することができるとする。これらのパラメーターは、組みあわさるとひとつの「膜」みたいになって、その土地の動植物の分布範囲を決めるのだという。だから、特定の土地に暮らす動物は、その「膜」の外に出て生活するのが難しい。

ジョーンズ&ジョーンズは、ウッドランド・パーク動物園の全エリアにおいて、陰や日当たりのパターン、傾斜、天然の排水、土壌のタイプ、植物などを調査し、これにもとづいて10の生物気候ゾーンを特定した。そして、それぞれのゾーンで展示するのにいちばんぴったりの動物や植物を選んでいった（なお、生物集団を区分する単位として「バイオーム」という語が使われることがあるが、ここではハンコックスの表現にしたがっておく）。

つまり、動物が計画の最初にくるのではなく、景観が最初にくるのである。動物園の立っている環境をかえりみながら、特定の生息地をシミュレートすること、景観全体を展示することが目的なのだ。

そのうえで動物を飼育するとどうなるか。展示にわざとらしさがないので、来園者はテーマになっている地域にほんとうに迷いこみ、そこで野生動物をみているかのような錯覚に陥ってしまう。ランドスケープ・イマージョン展示でとくに大事なのは、動物のいるエリアと観客のエリアをおなじ地形、おなじ植物で再現し、両者のあいだにはっきりした境界がないようにすることだ。

こうすることで、人びとは動物、植物、生息地がたがいに関係して暮らしているさまを無意識のうちに受けいれ、人間を中心とするものの見方ではなく、生命を中心とするものの見方にシフトするであろう。そのさい、はじめに訴えかける対象は人びとの知性ではない。感情である（Coe 2006, Hancocks 2001, 若生 2010）。

世界初のランドスケープ・イマージョン展示は、ゴリラの生息地とアフリカのサバンナをテーマにしたものだった。

ゴリラ展示に直接インスピレーションを与えたのは、1960～70年代の、ジョージ・シャラーに代表される最新のゴリラ研究と、『ナショナルジオグラフィック』に掲載された野生ゴリラの写真だった（広い敷地でゴリラを飼う試みは、1950～60年代にかけてブロンクス動物園などでおこなわれていたが、生息地を忠実に再現したとはいいがたかった）。ウッドランド・パーク動物園にいるゴリラはニシローランドゴリラだったので、見本となる環境はリオ・ムニ（赤道ギニア共和国）の高原とされた。

ゴリラを本物の植物といっしょに飼うことがアメリカ動物園水族館協会で公表されたとき、ほとんど敵意に近い反応がかえってきたという。ゴリラを本物の植物といっしょにしたら、たちまち引きぬいたりしてメチャクチャにしてしまうに決まっているし、だいたい観客エリアまで植物でいっぱいにするのは金の無駄だというのが主な理由だった。

ゴリラ展示（1300平方メートルと、278平方メートルのふたつの屋外エリアがある）では、ゴリラの脱走を防ぐために堀がもちいられ、ゴリラ専用の細道もうけられた。これは、仲間や観客の視線をうとましく思ったとき、彼らから離れてストレスを軽くするためである。飼育エリアも観客エリアもおなじように植物で満たされ、狭い観客通路はヘビのように曲がりくねっていた。森林を歩いていると、突然開けた場所にゴリラがいるのを発見する、という体験をもたらすためだった。

屋外エリアは75平方メートルのシェルターとつながっているが、ここは暖房設備が整っており、来園者はガラス越しに見学できる。もちろん、夜ゴリラが入るための部屋もあり、14・2平方メートルのものがひとつ、9平方メートルのものが4つあった（高さはいずれも2・76メートル）。

建設作業が終わったあと、かねてより警告されていたゴリラの「破壊」に備えて、1年たっぷりかけて植物が根づくようにした。1978年、とうとうゴリラを導入する日がやってきた。

当惑と脱走と——ランドスケープ・イマージョンにまつわるエピソード

最初に実験的にここに入ったのは、「キキ」という、450ポンド(約200キロ)のオスゴリラだった。コンクリート壁に囲まれた、不毛な飼育舎になれていたキキには、緑のうっそうとした開けた場所は、よその星かなにかのように映ったらしい。キキは汗を浮かべてじっとしていたが、そのうちに周囲を探索しはじめた。1週間のうちに、すべてのゴリラがこの環境になじむようになっていた。明らかに、前の飼育舎にいたときよりもリラックスした様子で、いさかいも影をひそめてしまった(図7・8)。来園者たちのふるまいも目にみえてかわった。それまでは、飼育ゴリラをぼんやり眺めたり、彼らのまねをして騒いだりはねたりしていたのが、新エリアでは、自然にふるまうゴリラたちを静かにみるようになったのだ。

さらにこの展示が、ゴリラの知性も刺激したと思われるエピソードもある。あるとき、管理棟に来園者たちがやってきて、観客エリアにゴリラがいると抗議した。先述したように、ランドスケープ・イマージョンは、おなじ地形や植物を観客エリアと飼育エリアにもちいるので、来園者のなかには、自分たちと動物のあいだには障壁がないと勘違い

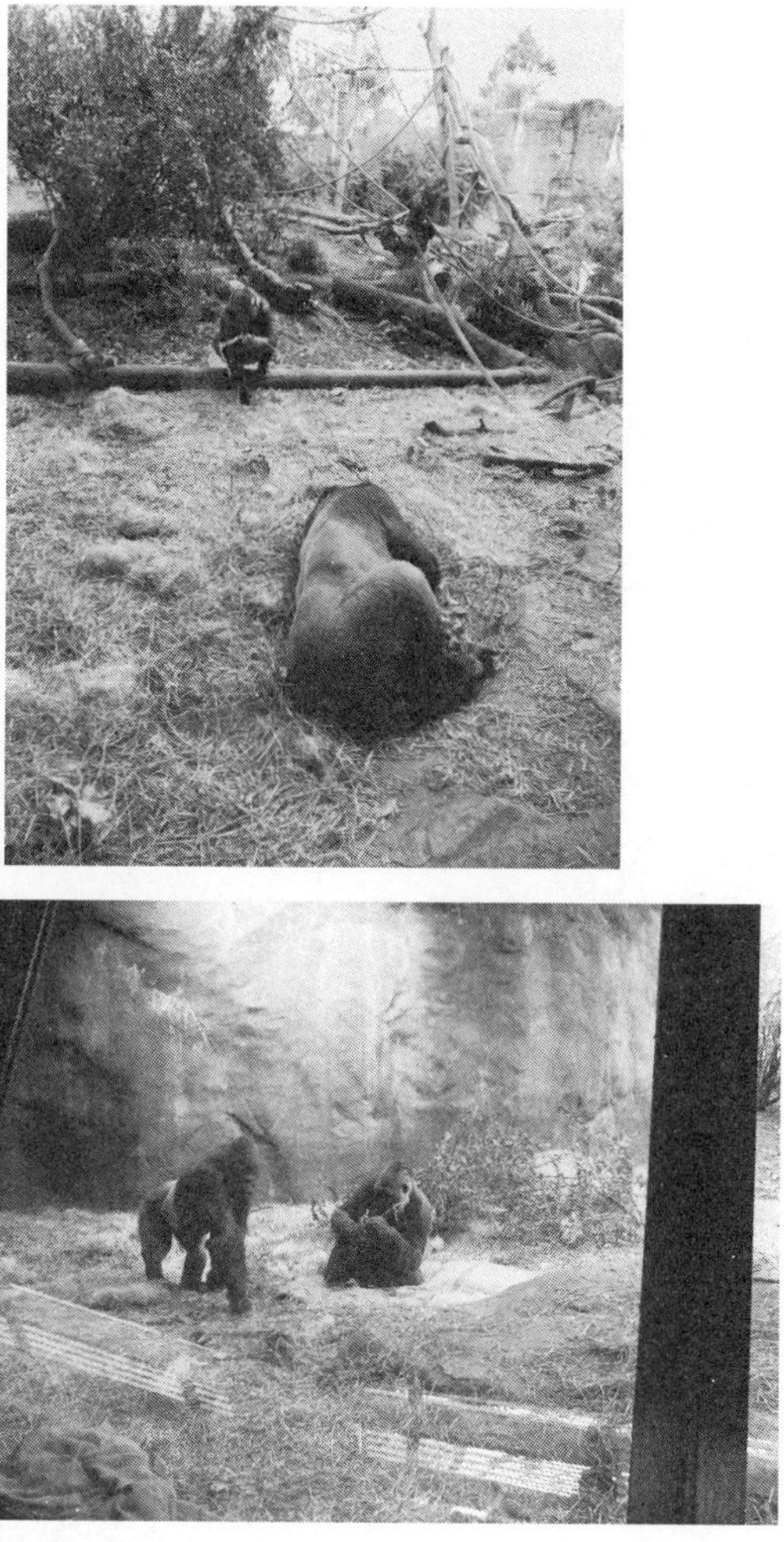

図7・8：草木の生い茂るゴリラ展示

するものがいる。今回もそのパターンだろうと動物園側が思っていたら、ほんとうに逃げだしていた。

先述のキキは、飼育エリアをじっくり観察して、若木を引きぬき、これをハシゴがわりにして堀に降りることを思いついたらしい。それに成功すると、今度は若木を観客エリアのほうに傾けて、よじ登ったのだ。ところがその直後に木が倒れてしまい、キキはもどるにもどれなくなった。そこで、なるべく目だたないように植物の陰に身をひそめていたが、たちまちみつかったのである。結局、キキに麻酔を打って連れもどしたあと、堀の内側に電気ワイヤをはりめぐらせて、おなじことができないようにした。

ゴリラ展示とおなじく、「アフリカン・サバンナ」エリアもランドスケープ・イマージョンを採用している。ここも、地形、土壌のタイプ、色、植物などがオリジナルにもとづいている（図9・10）。はじめ、従来の動物園とは違って生きものたちが遠くにしかみえないことや、荒れ地めいた景観にとまどいをおぼえる来園者は少なくなかったが、環境の改善につとめた結果、しだいにリアルな自然空間で動物と遭遇する経験はすばらしいという意見のほうが上まわるようになった（Coe 2006, Hancocks 2001）。

もうひとつ、ウッドランド・パーク動物園の展示で重要なことは、動物への「まなざ

図９・10：「アフリカン・サバンナ」の様子

し」の向きである。図10からも明らかなように、ウッドランド・パーク動物園では、来園者は動物を「みあげる」ようにデザインされている。アニマル・キングダムのところでも述べたが、動物を「みおろす」デザインにすると、来園者は知らないうちに自分たちが動物よりエラい立場にあると思いこむことになる（ヴェルサイユ宮殿のメナジェリーを思いだしてほしい）。逆に、「みあげる」ことによって、動物にたいしておのずから畏敬の念がわく。ここにも、「人間中心主義的な観念から生命中心主義、あるいは生態系中心主義への価値の転換」（若生謙二）がかいまみえるのだ。

同園には、ほかにもランドスケープ・イマージョン展示があるが、真骨頂だと感じたのは、アラスカの生態系を再現した「ノーザン・トレイル」だろう。これについては後述したい。

「テーマ・ズー」への道

動物、植物、建築が一体となった環境をつくり、そのなかに来園者を没入させることが、トレンドとなりつつある。動物テーマ・パークのアニマル・キングダムはいうにおよばず、筆者が「テーマ・ズー」とよんでいるタイプの動物園でもそれが顕著だ。

テーマ・ズーとは、複数のテーマ・エリアからなる「体験型動物園」のことである。各エリアは、特定の地域や環境をリアルに再現しており、人びとはそこを探検する気分を味わえる（ちなみに、本節でとりあげるハノーファー動物園は、テーマ・ズーのドイツ語にあたる「テーメン・ツォー」を自称している）。このアプローチは、保全や教育、研究といったおカタい話題を、いかに娯楽と調和させるか腐心するなかで生まれてきたものでもあった。

テーマ・ズーには、動物園がつちかってきたあらゆる技術が応用されている。異国風建築、ハーゲンベック式のパノラマ展示、動物地理学的展示、そしてランドスケープ・イマージョン——しかしテーマ・ズーについて考えるとき、世界初のテーマ・パークである、ディズニーランドを無視するわけにはいかないだろう。ウォルト・ディズニー（1901〜66）は、同園をつくるにあたって、アニメーション映画制作をとおして得たノウハウをもとに、ストーリー性（テーマ性）のあるエリアをもうけることにこだわった。その結果生まれたのが、西部開拓史をテーマ化した「フロンティアランド」、おとぎ話を再現した「ファンタジーランド」、未来世界を具体化した「トゥモローランド」、そしてジャングル体験をテーマにした「アドベンチャーランド」の4つのエリアである。

アドベンチャーランドには、クルーズ船で動物のあいだをぬって探検する「ジャングル・クルーズ」があるが、ウォルトはここに本物の動物を入れるつもりであった。しかし動物園関係者から、動物たちは昼寝したり隠れたりして、思いどおりには動いてくれないという助言を受けて、結局ロボット・アニマルを導入した。

とはいえ、ひとつの世界観に統一されたエリアをつくり、そこに来園者を没入させるというアイデアは、おなじことを探ってきた動物園と親和性の高いものである。ウォルト自身、ディズニーランドを構想していたころ、欧米の動物園によく通っていたというから、お互いに影響しあう関係にあったといえるかもしれない（トマス 2017、能登路 2015）。

ここで「テーマ・ズー」に変貌した動物園として紹介したいのは、ドイツのハノーファー動物園とライプツィヒ動物園、そして天王寺動物園である。これらの動物園は、事情は異なるがほぼおなじ時期に存続が危ぶまれるようになり、かわらざるをえなかったという点で共通している。

たとえばハノーファー動物園とライプツィヒ動物園は、それぞれ1865年、1878年に設立された歴史ある施設で、どちらも最後は市が運営していたが、20世紀の終わりになると来園者数の減少や飼育舎の劣化に苦しんで、有限会社のもとでリニューアルすることが決まった。

いっぽうの天王寺動物園は、１９９０年にさしかかるころ、近畿日本鉄道が天王寺公園にドーム球場をつくろうとしたため危機に陥った。これが実現すると、動物園はどこかに移らなければならないが、それにかかる費用が捻出できない。そのため動物園としては、天王寺公園にありつづける根拠を示すために、将来構想を立ちあげる必要があったのだ。

これらの動物園で練られたマスタープランはよく似ていた。まず、複数のテーマ・エリアをもうけている。ハノーファー動物園は１９９６年以降、類人猿、インド、アフリカ、カナダ、オーストラリアそしてドイツ農場をテーマにしたエリアをオープンしているし、ライプツィヒ動物園は２００１年からアフリカ、アジア、南アメリカ、類人猿、熱帯地域、動物園創設期をフィーチャーした６つの区域をつくった。天王寺動物園は１９９５年以降、爬虫類、アフリカ、アジアにかんするテーマ・エリアをオープンしている。

新エリアが各動物園の来園者増加に結びついたことはいうまでもない。ハノーファーでは、1998年に2年前より92％増加した約120万人を記録し、ライプツィヒでも新エリアを導入した年に約120万人がおとずれて、前年より57％増加となった。天王寺動物園は、「サバンナゾーン」の肉食動物エリアができた2006年に、じつに約184万人がおとずれている。

ハノーファー動物園の「アフリカ」と「カナダ」

これら動物園のテーマ・エリアでは、動物、植物、建物、売店などが、展示のストーリーにしたがって配置・デザインされている。

まずはハノーファー動物園の「ザンベジ」というエリアをみてみよう（ザンベジ川周辺をモデルにしている。図11）。ここではつり橋、アフリカ風の屋根が丸い家、滝、曲がりくねった道が雰囲気を高め、ライオンと草食動物がいっしょになった（ようにみえる）風景が広がる。

ザンベジではまた、「地元の交易船」に乗って、川から動物を眺めることもできる。「ワニにご注意ください！」と書かれた表示板を横目にボートに乗ると、ライドがスタートするが、途中、すぐそばにカバが出現するという演出がある。いうまでもなく、ひ

図11：ボートからみた「ザンベジ」の様子

ととカバのあいだを隔てている障壁は、すぐそれとわからないようになっている。ディズニーランドのジャングル・クルーズを思いださせる演出だ。

また「カフェ・キファル」「スミス＆ジョンソン交易所」といったカフェや売店もある。前者では動物やアフリカ風の屋敷で食事ができ、後者ではケニアでつくられた品やアフリカ産動物のぬいぐるみが買える。

ハノーファー動物園のテーマ・エリアはどれもユニークだが、とくに印象的なものとして「ユーコン・ベイ」がある。２万２０００平方メートルの土地に、カナダ北西部のユーコン準州の港町を再現している。

展示は19世紀のゴールドラッシュと結びつ

図12：「ユーコン・ベイ」のエリア

けられており、金の破片がきらめく坑道をくぐりぬけ、川の流れる針葉樹林帯に入っていく。そこにいるのは、カリブー、アメリカバイソン、シンリンオオカミたちだ。また、ユーコン準州とブリティッシュコロンビア州を行き来していた蒸気機関車「ダッチェス」が置かれているが、これはカリブーとバイソンをさりげなく隔てる障壁にもなっている。

駅の向こうに広がるのは、金の採掘者が創設したという港町で、色とりどりの家がならぶ、典型的なカナダの街並みになっている。ここには「ユーコン・クイーン」というカナダー南アフリカ航路の貿易船もある（図12）。この船は港で座礁したあと、積み荷のアフリカ産ペンギンを公開する即席の「動物園」にかえられたという設定だ。船底にもうけられたガラス窓からは、ホッキョクグマやアザラシが遊泳するさまをみることができる。

このほか、マハラジャの宮殿の「廃墟」でゾウを飼う「ジャングル宮殿」などもあるが、異国風建築を大規模にもちいるハノーファー動物園の展示は、ちょっとやりすぎの感がなくもない。

ドームのなかの小宇宙

ライプツィヒ動物園の各エリアも没入感にこだわっている。たとえばアフリカ・エリアでは、ライオンの区域を道の片側に、草食動物の区域をもう片側に置いて、彼らが交わらないようにすると同時に、来園者がそのなかを歩いてゆけるようデザインされている。

しかし、同園のいちばんのみどころは「ゴンドワナラント」(図13)という熱帯ドームだ。ゴンドワナとは、太古のむかしに、アジアの一部、アフリカ、アメリカがまだくっついていたときの大陸の名である。そしてこの名称があらわすように、広さ1万6500平方メートル、屋根の高さ35メートルの空間に、これら3地域の環境が再現されて

図13：広大な「ゴンドワナラント」内部

いる。ここでは、動物90種、植物500種（最大で20メートルの高さを誇る）がのびのびと暮らしているが、ネットや水路、人工岩、目だたない柵がバリアとしてもちいられている。

ゴンドワナラントでは、最初にカブトガニなど「生きた化石」をフィーチャーした暗い火山の坑道をとおり、そこからアジア風の村に出る。気温26〜28度、湿度60〜80度のむっとする「空気の壁」がおしよせ、鳥やサルの声が響きわたっている。しかもレストランではアジア料理が出るから、まさに五感で「熱帯」を感じることになる。ここから全長400メートルの川や、樹木のうえをゆく道を、ボートや徒歩で「探検」する。リスザル、オセロット、コビトカバ、コモドオオトカゲなどをみることができるが、できるだけ自然に近い状態で飼っていることもあり、彼らをみつけるのは容易ではない。むしろ、そのことも含めて自然を体験する場といえるだろう。

天王寺動物園――東西技術のハイブリッド

ここまで大がかりな装置をもちいずとも、天王寺動物園の展示も負けてはいない。このリニューアルにかかわった若生謙二は――ウッドランド・パーク動物園の新展示を日本に紹介した人物でもあるが――各エリアをできるだけリアルにデザインするために、アメリカのサイプレス・スワンプ、ケニア、タンザニア、タイの野生動物保護区や国立公園をたずねて、動物のみならず地形や植物、人間との関係などを調べている。またウッドランド・パーク動物園の設計にかかわったジョン・コーからアドバイスを受けただけでなく、日本の回遊式庭園（桂離宮など）にみられる、縮景という、狭い敷地にさまざまな風景をとりこむ技術の応用もはかった。

たとえば、代表的なテーマ・エリア「サバンナゾーン」と「アジアの熱帯雨林」では、あえて道を狭くしたり、くねらせたりすることによって、自然のなかにわけいっていくような気分をもりあげる。これは、ほかの来園者が目に入って幻滅するのを防ぐ効果もある。おなじ目的で、植栽や高低差も活用されている。

展示の流れで、まだみせてはならない風景や、通天閣みたいに原生自然からかけはなれたものを視界から消す工夫も重要だ。たとえば「アジアの熱帯雨林」を入ってすぐのところで、じつはゾウがみえるのだが、これでは期待感が高まらないので、岩を置いて隠している。これは日本庭園でいうところの「遮り」に近いと若生はいう。そして、森のなかを探検していると思って歩いていくと、突然水辺にさしかかり、そこにゾウがいるというあんばいだ（図14）。「サバンナゾーン」でも、ここぞというところで印象的なシーンがあらわれるようになっている。手前にライオン、奥にキリンやシマウマが徘徊する風景はそのひとつだ（図15）。

さらに、世界観をつくりあげるのに欠かせないのがディテールだ。「サバンナゾーン」では、アフリカの国立公園をイメージした木製ゲート、アリ塚、ライオンがねそべるコピエ（岩山）などがリアルに再現され、「アジアの熱帯雨林」にはゾウが塩をなめにくる「塩なめ場」、彼らが歩いたり、木に背中をこすりつけたりしてできた跡、さらに現地ではゾウがたびたび荒らして問題になっているバナナ畑やタイの農村が再現され

図14：ゾウのいる風景。植栽によって、幻滅を誘う建物などは隠されている

図15：肉食動物と草食動物がワン・シーンにおさめられている

ている（ただし2020年現在、ゾウは飼育されていない）。

ここで、もうひとつ強調しておくべき点として、ウッドランド・パーク動物園とおなじく、動物を「みあげる」ようにデザインされていることがある。天王寺動物園の新エリアは、動物と動物、動物と植物、そしてひとと動物のエコロジカルな関係をあらわすだけでなく、動物たちに敬意を感じるようデザインされているのである（*Erlebnis-Zoo Hannover* 2016, Haikal 2003, Liebecke n.d., Meuser 2018, 若生 2010）。

「地元に特化した動物園」の可能性

また、ウッドランド・パーク動物園や天王寺動物園の新展示をみて思うのは、体験型展示にシフトしたいま、動物の種や個体数は少なくても問題ないということだ。そのほうが、動物の福祉に力を入れることができるし、第4章でとりあげたような非常事態が起きても、動物に犠牲を強いることなくサバイバルできる可能性が高くなる。これからの動物園は、スター性のある動物を集中させるのではなく、「みせかた」で勝負するべきだ。

じつは、1960年代末に動物園の惨状を指摘したモリスが、すでにこの見解に達していた。彼は、いっぺんに５００種もの生きものを展示するようなことはせず、一部の種に特化すれば、じゅうぶんな飼育スペースも確保できるし、彼らの生態にあった展示もしやすく、繁殖にもとりくみやすいと考えていた。

さらにモリスは、そもそも、移動手段が発展した現代、人びとはその地域でしかみることのできないものを見学しに来ようとするのであって、それは動物にもあてはまると述べている。彼が例として挙げているのは、類人猿や昆虫を専門とする施設だが、これにくわえて、地元の自然をテーマにした展示が重要になってくるだろう。

旅行で国内・国外のどこかをたずねたら、その街の文化や自然にどっぷりつかりたいと考えるひとがほとんどのはずだ。２０２０年現在は、新型コロナウイルスの蔓延で、国際観光が下火になっているものの、いずれ外国人観光客はもどってくるだろう。そのとき、世界のどこにでもあるような展示ではなく、ローカルな展示を前面にだすほうがオリジナリティを発揮できる。グローバル化の時代には、地域の多様性こそが鍵なのだ。

それに、地元をテーマにした展示は、旅行者だけに歓迎されるとはかぎらない。地元の人びととの支持を得ることもできる。その例として、ウッドランド・パーク動物園の「ノーザン・トレイル」というエリアを紹介しよう。

ここは1994年に公開され、アラスカのタイガの環境と6種の哺乳類ならびに3種の鳥をフィーチャーしている。まさにランドスケープ・イマージョン展示の傑作で、最初に森のなかを走りまわるタイリクオオカミをみたあと、来園者側にもうけられたオオカミの巣穴を目におさめながら小道を歩いてゆく。

やがて、左手にヒグマとカナダカワウソのエリアがみえてくるが、ここも川、岩、植物でリアルな生態系が再現され、動物たちを水上からも水中からもみることができる。背景には岩山がそびえ、シロイワヤギがそのうえを歩いている。右手にはアカシカのいる丘があり、終点の展望台からも彼らを眺めることができるが、その奥には入り口付近にいたオオカミがみえる。とうぜん、どの動物たちも「みあげる」構造になっている(図16・17)。

ウッドランド・パーク動物園の展示エリアは、大部分がすぐれているが、すべての自然のエレメントが一体になったノーザン・トレイルの展示をみて、筆者は「ランドスケープ」の意味が、本におどる文字ではなく、実体のあるものとして骨の髄までしみとおった気がした。

ここには、ヒグマを除けば「スター性の高い」生きものはいない。シロイワヤギやア

図16・17：「ノーザン・トレイル」の生きものたち

カシカは、オリのなかにいたら、たいして気にもとめないでとおりすぎてしまう動物だろう。それが、本来の環境（をシミュレートした場所）にいると驚くほど輝いてみえるのだ。

感銘を受けたのは地元の人びともおなじだった。ワシントン大学のキャスリーン・ネルソンは、ノーザン・トレイルを訪問した人びとにたいしてアンケート調査（1995）をおこない、225枚の質問票を回収している。

質問票は、各質問に5段階（肯定的な回答は5、否定的回答は1に近づく）で答えるものと、「はい」「いいえ」「わからない」で答えるもの、自由回答からなっていた。すると、多くのひとが展示は自然で（平均4・5、以下同様）、魅力的で（4・6）、しかも楽しく（4・5）、興味深く（4・6）、動物は居心地よさそうで（4・4）、自然にふるまっており（4・3）、健康的である（4・6）と答えていた。いっぽうで、「もっとたくさんの動物がほしい」と答えた来園者は、15％にとどまった。

これほど高い評価を得たのには、いくつかの原因があるとネルソンはみる。ノーザン・トレイルは当時オープンしたてで、多くの人びとには新鮮味があった。メディアで大きくとりあげられたから、先入観をうえつけられてきたひとがいた可能性もあろう。

そのいっぽうでノーザン・トレイルが、シアトル周辺の住人が親しんでいる生態環境をうまく再現し、かつ斬新なやりかたで展示したことも大きかったと彼女はいう（Nelson 1996, Morris 1968）。

地元をテーマ化する試みは、日本の動物園でもはじまっている。たとえば先述の若生は、熊本市動植物園において、相良《さがら》村の農村と山をテーマにしたニホンザル展示（2013年オープン。同園では他のエリアもリニューアル計画中）をデザインしている。サルがかつて神として崇拝されていた過去や、彼らの食害に悩まされる現状なども視野に入れつつ、北嶽《きただけ》神社の狛猿《こまざる》をモデルにした地蔵や納屋、サル除《よ》けの柵も展示にもりこみ、さらに本物の農具、道標、スクールバスの停留所も使用されることになった。

また奥山と里山を行き来するサルの姿を再現するために、エリアをふたつにわけて片方を奥山展示、もう片方を里山展示とした。そして、前者にはニシキギやウツギ、後者にはノシバ（棚田をあらわす）やススキといったように、それぞれの空間に対応した草木をうえている。サルの展示空間はネットにおおわれているが、巨木がネットを突きぬけてそびえ、サルたちに木陰を提供する（図18）。

こうした展示は、植物を積極的にとりこむことによって、他地域と差異化することが

図18：熊本市動植物園のニホンザル展示。サルたちもリラックスしている

できる。若生はこう書いている。「亜熱帯からブナ帯までをおおうわが国の植生は、大きく異なっており、植生に依存する野生動物の生息環境も異なることになる［……］このような環境の相違に着目し、それらを再現することで、それぞれの地域環境を創出する展示が可能になる」。土地の文化や植物をとりいれることで、よそがまねできない展示をつくることができるのだ。

地域に特化することは、水族館にも展望を与えてくれる。ひとつ例をあげるなら、アメリカ西海岸のモントレーベイ水族館（１９８４年開館）だ。ここは、徹底的にモントレー湾の自然に特化した水族館で、海底のジャイアント・ケルプ（海藻）の森をリアルに再現

図19：モントレーベイ水族館のケルプ・フォレスト水槽

した「ケルプ・フォレスト水槽」（図19）を最大の目玉とする。

ジャイアント・ケルプはもちろん本物で、そのなかを中小の生きものが泳ぎまわっている。そこには、スター性の高い動物はいない。にもかかわらず、ゆらゆらゆれる海藻の森の美しさには圧倒されずにいられない。

同館はまた、イルカなどによるショーはおこなわない。なぜなら、さまざまな形状と大きさの動植物がおりなす、ランドスケープならぬ「シースケープ」の展示に重きを置いているからである（若生　2013、溝井　2018）。

こうした展示は、陸生／水生の植物を動物に匹敵する主役としているために、土地の自然と直接つながっているような、ふしぎな感覚をもたらす。ハンコックスはこう述べている。「動物園は、野生空間へのゲートウェイであることができるし、そうでなければならない。比喩的な意味でも、実践的な意味でも」。

地域によりそった動物園は、まさにすぐそこにある自然への入り口となるだろう。

「支配をあらわす場」から「共生をあらわす場」へ

ここまでみてきたように、サファリ・パークやテーマ・ズー、さらに一部の水族館は、ただ動物をみるのではなく、動物のいる風景を体験する場となっている。とくにランドスケープ・イマージョンを採用した動物園では、植物が動物に負けないぐらい重要な役目をはたしており、しかもひとが動物を「みあげる」構造によって、彼らが支配対象ではなく、敬意を払うべき存在であることを示そうとする。

こうした展示が、「動物は自由に暮らしていてこそ幸せだ」とする現代の動物観にマッチするのはもちろんである。また、幻滅を誘う要素をたくみに隠し、ディテールをつくして再現された風景は、まさに「真正なもの」（オーセンティックなもの）としてわたしたちの目に映る。

とはいえ、そうした風景は、フィールドワークで得た情報やドラマチックな体験を、小さな空間に濃縮してつくりなおしたものである。アフリカや東南アジアの自然環境を、まるごともってくることはできないし、仮にそれができたからといって、来園者の感情に訴えるとはかぎらない。自然は美しいばかりでなく、退屈で、不快で、危険でもある。だからテーマ・ズーで得られるものも、その元祖にあたるハーゲンベック動物園やディズニーランドとおなじ「本物以上に本物らしい」という感覚（ハイパーリアリティ）なのかもしれない。

ナイジェル・ロスフェルスは、動物園の自然は、むしろわれわれが想像する自然に近いなにか、あるいは「もうひとつの自然」とよぶべきものだと主張している。動物園の「自然」は、一種の2次創作物なのだ。

ランドスケープ・イマージョンが画期的なのは事実だが、動物園のすべてをよくする魔法の杖というわけではない。この展示法は、ハーゲンベックの展示とおなじく、成功が判明してから多くの動物園が模倣するようになった。ところが、オリジナルの制作者の哲学をろくに理解しないまま、うわべだけ飼育法をまねたり、コピーのコピー、つまり劣化バージョンがでまわるようになったのだ。

ウッドランド・パーク動物園の改造を指揮したハンコックスは、動物園関係者が新展示を安易に「ランドスケープ・イマージョン」とよんだり、ただのオリにすぎないものを「生息地《ハビタット》」と命名したりするといって嘆いている。ランドスケープ・イマージョンらしくみえても、じつは動物になじみのない材質を使っていたり、動物をあいかわらず「みおろす」スタイルのままであったりと、そうではない展示はけっこう多い。

それに、自然をシミュレートした展示をおこなえば、人びとの批判を鎮めることはできるが、裏にまわってみれば、多くの動物園は19世紀の悲惨な状態のままだとハンコックスは指摘する。夜、動物たちが収容されるエリアは、あいかわらずむきだしのオリであって、叫び声や鋼鉄パネルのきしむ音であふれている。「動物園は、ここ最近観客エリアを緑化することに力を注いでいるが、そうしたシーンの裏では、典型的な動物園は楽園《アルカディア》というよりは監獄《アルカトラズ》のままである」。

だから、「いまの動物園はこんなによくなった」と全部ひとくくりにしていうのは無責任だ。本章でとりあげた動物園でも、旧態依然とした展示、みていて疑問に思うような展示はあちこちにある。むしろ、生きものを展示する施設すべてにたいし、厳しいまなざしを向けつづけることがわたしたちには求められている（Hancock 2001, Rothfels

2008)。

とはいえ、動物の「かわいらしさ」や「珍奇さ」を、本来の環境からきりはなして消費することをやめ、生息地に暮らすありのままの姿をみせたいという一部関係者の意欲は、動物園を大化けさせる可能性を秘めている。すなわち動物園は、「支配をあらわす場」から、「共生をあらわす場」になるのだ。

ここで、あくまでも「共生をあらわす場」と書いていることに注意してほしい。動物を来園者エリアに放ってジュラシック・ワールド状態にでもしないかぎり、動物園にはコントロールする側の人間と、コントロールされる側の動物たちがいる。支配関係はかわらない。しかし少なくとも、ひとも動植物も生態系の一部であること、あらゆる生きものが密接に関係しあっていることを表現することは可能である。

動物園は、これからのひととそれ以外の生きものの関係をデザインする場になれる。

前章までの流れをふりかえってみよう。20世紀になってもなお、動物園は所有者の富や威信と結びついていたので、できるだけ多くの動物を収集し、これみよがしにならべてアピールする傾向にあった。動物園はあくまでも「支配をあらわす場」だったのだ。

しかしこれからの動物園は、動物と植物の共生はもちろん、ひとと動植物の共生をテーマにすることができる。

「共生」といっても、それは仲良く共存するという意味だけではない。新型コロナウイルスの流行で思いしらされたように、異質な存在とともに暮らすことは苦痛をともなう。共生とは過酷なものである。動物園の鉄柵みたいなバリアで他者から隔てられているほうが、ほんとうは安心なのだろう。

しかし雑草生態学者の稲垣栄洋《ひでひろ》が『はずれ者が進化をつくる』で書いているように、もともと自然には境界線というものが存在しない。ほんとうは昼と夜のあいだにははっきりした境目がないし、川の上流と下流を区別するラインもない。進化のプロセスだってそうだ。しかし人間は、境界がないと不安だから、自然のなかにむりやり境界をつくる。第1章でとりあげた、動物の分類もそうして生まれた。しかもこれにしたがって、動物園、水族館、植物園といったように、展示施設のあいだにまで境界線がある。

だが、そうした境界をあえてのりこえたところに未来がある。「バイオパーク」というアイデアはこれに近い。これをとなえたのは、ワシントン国立動物園園長のマイケル・ロビンソンで、1988年のことである。ロビンソンいわく、いままでの歩みにおいて、生きものたちは異なる施設でバラバラに展示されるようになってしまった。しかも、古生物にかんする展示はもっぱら自然史博物館の仕事である。

バイオパークはこのような状態を克服するものだ。バイオパークは、生態系の展示のみならず、古生物をも視野に入れて、進化の問題をわかりやすく伝えることができる。それは動植物や人間がおりなす複雑なかかわりをみせるだけでなく、すべての生命体の過去、現在そして未来をつなぐ役割をはたす。動物園、水族館、植物園、博物館は、協力してこの方向へと舵をきるべきだとロビンソンは主張したのだ（Robinson 1988）。

越境すること。ひととひと以外の生物のあいだにある境界や、知らないうちに自分たちのまわりに築いてしまった境界をのりこえる。それこそが冒険である。

地域どころか時間の壁をのりこえようとしたハーゲンベック動物園や、おなじ植物でゴリラと人間をつつみこんだウッドランド・パーク動物園の新展示も、そのようにして誕生した。このアプローチをおしすすめていけば、いずれわたしたちは動物園において、生きものたちが過酷な共生空間でサバイバルしていることや、彼らのほんとうのしたたかさ、力強さを体験し、境界なき世界と向きあうための勇気を得ることができるのではないだろうか。

おわりに

本書は、2018年夏に中央公論新社の胡逸高氏から企画をいただいて、構想・執筆したものである。ちょうど『水族館の文化史』(勉誠出版)を上梓し、ふたたび動物園に目を向けはじめていたところだったので、まさに絶好のタイミングでお話をいただいたことになる。

すでに『動物園の文化史』(同)も出版していたので、その内容を参考にしつつ……と思っていたが、書きはじめてすぐに気づいたのは、おなじ話のくりかえしではまったく満足できないということであった。とくに『動物園の文化史』では、近代に動物園が誕生するまでの流れや、動物観の移りかわりに集中し、それ以降の話題が豊富とはいえなかった。本書ではむしろ、動物園が生まれてから、現代にいたるまでどのような紆余曲折があったのかに焦点をあてることにした。また、前著でとりあげた話にふれるときも、もとの資料をすべてチェックし、できるだけ新しい話題をもりこむようにしている。

あわせて、「未来の動物飼育はどうあるべきか」という問題もとりあげた。くわしくは最終章をみていただくしかないが、「動物の権利」が声高に語られるなか、動物園をとりまく環境はいっそう厳しくなることが予想される。したがって飼育動物のニーズを人間のそれを上まわるレベルで満たし、なおかつ自然を体験したいとの人びとの期待にこたえるという、難しい道を歩むしかなくなるだろう。しかしこれを解決するカギのひとつは、動物園のデザインにあると考える。

そのため本書では、動物園のデザインがむかしからどうかわってきたかを、可能な範囲でクローズアップした。エキゾチックな飼育舎をとりいれたアントワープ動物園、画期的なパノラマ展示をおこなったハーゲンベック動物園、動物を放し飼いにするサファリ・パーク、リアルな自然を構築しようとしたウッドランド・パーク動物園――各時代のデザインは、ひとが動物のことをどうみてきたかを映しだす鏡といってもいいすぎではない。

だがそれ以上に重要なのは、従来の縄張りを捨てて、異なる分野との融合をはかることによって創造性を獲得することだろう。たとえばハーゲンベック動物園は、パノラマ展示と動物展示を融合させることで、斬新な様式を生むことに成功した。

動物園の歴史は生物の進化をほうふつとさせる。オリ中心の展示→パノラマ展示→ランドスケープ・イマージョンというふうに、飼育施設の変化はかならずしも一直線で結ばれるものではない。じっさいには、異なる展示は長きにわたって並存する。無数にある類似施設は、ニッチ（オリジナリティを発揮できる場所）を求めて日々少しずつ変化しているのだ。そのなかで、新しい時代にマッチした変異体＝従来の価値観からすればヘンタイ性の高い施設が登場して、それが他をおしのけて主流となっていく。動物園の存亡は、とどのつまり、このニッチを探しもとめて越境する精神を失ってしまうか否かにかかっている。

もちろん本書であつかうのは、こうした話題だけではない。ひとと動物をめぐる生々しい事件もふんだんに紹介している。とくに戦時中の動物園にまつわる数々のエピソードは、新型コロナウイルスのパンデミックを経験した２０２０年現在、不気味なリアリティをもってよみがえってくる。

また歴史的な目をもって動物園をたずねてみれば、じつはそこが過去とつながる場所にあふれていることに気づかされるだろう。本書で紹介した古い飼育舎はその典型だ。

しかしこれ以外にも、動物記念碑（慰霊碑）、関係者の銅像、戦没者を記したモニュメントなど、そこにいたすべての生けるものたちにまつわる思い出へのアクセスポイントが存在する（図）。

デイヴィッド・ハンコックスは、動物園は「野生空間へのゲートウェイ」になるべきだと述べた。これにくわえて筆者はいいたい。動物園は「過去へのゲートウェイ」でもある、と。この本をとおして、筆者とともに「冒険」してきた皆様も、動物園をおとずれたときは、歴史の爪あとを探してほしい。そこにはきっと、新しい物語が待っている。

図：天王寺動物園でかつて親しまれていた、チンパンジーの「リタ」と「ロイド」の像

本書もまた、多くの方のご支援を受けて執筆したものである。たとえばハーゲンベック動物園

資料館のクラウス・ギレ氏には、貴重な文書や写真の閲覧・提供を許可していただいた（Ich danke Herrn Klaus Gille vom Archiv Carl Hagenbeck GmbH, Hamburg, herzlich für die freundliche Bereitstellung der Materialien und die Erlaubnis zur Verwendung einiger Bilder des Tierparks Hagenbeck)。大阪芸術大学の若生謙二教授からも、ランドスケープ・イマージョンにかんする数多くの資料だけでなく、直接貴重なお話をいただいている。また葛西臨海水族園の錦織一臣園長には、コロナ禍における動物園関係資料を教えていただくなど、前回に引きつづきお世話になった。さらに天理大学の齊藤純教授からは、箕面動物園にかんする資料をいくつもいただき、関西大学卒業生の林沙映氏からも、天王寺動物園の資料を送っていただいた。これらの方々に、心より感謝申しあげたい。

また、本研究を推進するうえで、かけがえのない環境を提供していただくことにより、強力にバックアップしてくれた方々がいる。とくに『水族館の文化史』にサントリー学芸賞（社会・風俗部門）をお贈りいただいたサントリー文化財団の皆様、選評を書いていただいた奥本大三郎埼玉大学名誉教授をはじめとする先生方からは、この研究路線でよいのだと背中をおしていただき、感謝の気持ちでいっぱいである。

そして、関西大学文学部・文化共生学専修の浜本隆志名誉教授、柏木治教授（202

1年3月末でご退職される)、森貴史教授にあらためて謝意を表したい。3名の先生方は、研究者として駆け出しのころから、どのような方向に進もうとも「もっとやりなさい」とあとおしすることで、筆者が安住できる「生息地《ハビタット》」をつくりだしてくれた。この自由な環境なくして、本書にいたる動物園3部作は決して世に出ることがなかったはずである。また柏木教授には、今回もフランス語のことでご指導いただいた。

おなじく、半分あきれているに違いないが自由なふるまいを認めてくれている筆者の家族、とくに筆者が変人になるのをそそのかした張本人でありまた理解者である父・高志にたいする感謝もつきない。

最後になるが、本書のプロジェクトのお話をくださった編集の胡逸高氏には、際限なく膨らんでいくページ数はいうにおよばず、なにかとご迷惑をおかけすることになったが、常に激励と的確なアドバイスをいただいたおかげで、なんとか出版にこぎつけることができた。ここに深く感謝申しあげる。

2020年12月

溝井裕一

おわりに

図３：Cornfoot, Roger. ‘The lions of Longleat.’ *Wikimedia Commons.* 17 October 2020 <https://commons.wikimedia.org/wiki/File:The_lions_of_Longleat._-_geograph.org.uk_-_291672.jpg>.
図４・５：筆者撮影。
図６：共同通信社提供。
図７～19：筆者撮影。

おわりに

図：筆者撮影。

図３：Roscher 2019, 156.

図４：大阪市天王寺動物園　1985年、32ページ。

図５：秋山正美『動物園の昭和史――おじさん、なぜライオンを殺したの――戦火に葬られた動物たち』データハウス、1995年、125ページ。

図６：秋山、1995年、246ページ。

図７：Archiv Carl Hagenbeck GmbH, Hamburg (Gretzschel, Matthias, Klaus Gille and Michael Zapf. *Hagenbeck: Ein zoologisches Paradies. Hundert Jahre Tierpark in Stellingen.* Hamburg: Edition Temmen, 2009, 95).

図８：Hirsch, Fritz and Henning Wiesner. *75 Jahre Münchner Tierpark Hellabrunn: Eine Chronik*. München: Münchner Terpark Hellabrunn, 1986, 35.

図９：Ciesla, Burghard and Helmut Suter. *Jagd und Macht. Die Geschichte des Jagdreviers Schorfheide.* Berlin-Brandenburg: be.bra Verlag, 2013, 171.

図10・11：筆者撮影。

図12：Klös, Heinz-Georg. *Von der Menagerie zum Tierparadies: 125 Jahre Zoo Berlin.* Berlin: Haude & Spenersche Verlagsbuchhandlung, 1969, 121.

第５章

図１：Dathe, Heinrich. *Wegweiser durch den Tierpark.* Berlin: VEB Zentrale Grafische Lehrwerkstatt, 1957.

図２～５：筆者撮影。

図６：Batten, Peter. *Living Trophies: A Shocking Look at the Conditions in America's Zoos.* New York: Thomas Y. Crowell Company, 1976.

図７：Zahniser, Howard. 'Aldo Leopold (left) and Olaus Muire Sitting Together Outdoors, Annual Meeting of The Wilderness Society Council, Old Rag, Virginia, 1946.' *Wikimedia Commons.* 17 October 2020 <https://commons.wikimedia.org/wiki/Category:Aldo_Leopold#/media/File:Leopold-Murie.jpg>.

図８：*Species 360.* 17 October 2020 <https://www.species360.org/about-us/fact-sheet-logos/>.

図９：筆者撮影。

第６章

図１：*Life.* 1 August 1960.

図２：（公財）東京動物園協会提供。

ージ。

第3章

図1・2：筆者撮影。

図3：Archiv Carl Hagenbeck GmbH, Hamburg.

図4：Flemming, Johannes. *Führer durch Carl Hagenbecks Tierpark in Stellingen.* Hamburg: Carl Hagenbecks Eigentum und Verlag, 1912, 8.

図5：Flemming 1912, 20.

図6～9：筆者撮影。

図10：Hagenbeck, Carl. *Von Tieren und Menschen: Erlebnisse und Erfahrungen von Carl Hagenbeck.* Berlin: Vita Deutsches Verlagshaus, 1909, Frontispiece.

図11：Hagenbeck 1909, 237.

図12・13：Flemming 1912, 35-36.

図14：Dittrich, Lothar and Annelore Rieke-Müller. *Carl Hagenbeck (1844-1913): Tierhandel und Schaustellungen im Deutschen Kaiserreich.* Frankfurt am Main: Peter Lang, 1998, 333.

図15：筆者撮影。

図16：Flemming 1912, 38

図17：筆者撮影。

図18：'A Strange Story of a Giant Reptile.' *Sphere.* 8 January 1910, 35.

図19：'"Dinosaurs" Ruled Supreme on Isle.' *The Sunday Star.* 19 September 1926, 20.

図20：Zedelmaier, Helmut and Michael Kamp. *Hellabrunn: Geschichte und Geschichten des Münchner Tierparks.* München: Bassermann Verlag, 2011, 61.

図21～24：筆者撮影。

第4章

図1：'Winnie-the-Pooh.' *Wikipedia.* 17 October 2020 <https://en.wikipedia.org/wiki/Winnie-the-Pooh>.

図2：Roscher, Mieke and Anna-Katharina Wöbse. 'Resilience Behind Bars: Animals and the Zoo Experience in Wartime London and Berlin.' Laakkonen, Simo, J. R. McNeil, Richard P. Tucker and Timo Vuorisalo, ed. *The Resilient City in World War II.* Cham: Palgrave Macmillan, 2019, 158.

第２章

図１：Meuser, Natascha. *Handbuch und Planungshilfe Zoobauten.* Berlin: DOM Publishers, 2018, 174.

図２：筆者撮影。

図３：Guillery, Peter. *The Buildings of London Zoo.* London: Royal Commission on the Historical Monuments of England, 1993, 3.

図４：'Père David's deer.' *Wikipedia.* 17 October 2020 <https://en.wikipedia.org/wiki/Père_David's_deer>.

図５～７：筆者撮影。

図８：The Crystal Palace – The Egyptian Court.' Illustrated London News. 5 August 1854.

図９：筆者撮影。

図10～12：筆者所蔵。

図13：'Barnum's American Museum.' *Wikipedia.* 17 October 2020 <https://en.wikipedia.org/wiki/Barnum%27s_American_Museum>.

図14・15：筆者撮影。

図16：*Animals Desired for the National Zoological Park at Washington, D.C., United States of America*. Washington, D.C.: Government Printing Office, 1899, 6.

図17：*Animals desired for the National Zoological Park at Washington, D.C., United States of America*. 10.

図18：筆者撮影。

図19：『近世風俗図譜　第5巻　四条河原』小学館、1982年、16ページ。

図20：『近世風俗図譜　第5巻　四条河原』1982年、67ページ。

図21：恩賜上野動物園編『上野動物園百年史』第一法規出版、1982年、口絵。

図22：京都市、京都市動物園編『京都市動物園80年のあゆみ』上林紙業、1984年、19ページ。

図23：橋爪紳也監修『日本の博覧会　寺島勍コレクション』平凡社、2005年、38ページ。

図24：大阪市天王寺動物園編『大阪市天王寺動物園70年史』大阪書籍、1985年、26ページ。

図25：吉原政義編『阪神急行電鉄二十五年史』三有社、1932年、1ペ

図版出典一覧

・口絵の図版は本文中にも使用していますので、出典は第１章以降を参照。

第１章

図１・２：筆者撮影。

図３：Pratt, B. 'Daniel's Answer to the King.' *Wikimedia Commons,* 17 October 2020 <https://commons.wikimedia.org/wiki/File:Daniel%27s_Answer_to_the_King.jpg>.

図４：Schaffer, Andrea. 'Villa Romana del Casale.' *Wikimedia Commons.* 17 October 2020 <https://commons.wikimedia.org/wiki/File:Villa_Romana_del_Casale_(25679037748).jpg>.

図５：Cassidy, Richard and Michael Clasby. 'Matthew Paris and Henry III's Elephant.' *Medievalists.net.* 17 October 2020 <https://www.medievalists.net/2013/09/matthew-paris-and-henry-iiis-elephant/>.

図６：筆者撮影。

図７：D'Aveline. 'Backyard of the Royal Menagerie of Versailles during the Reign of Louis XIV, 1643-1715.' *Wikimedia Commons.* 17 October 2020 <https://commons.wikimedia.org/wiki/Category:Ménagerie_de_Versailles#/media/File:Versailles_M2.JPG>.

図８：「パノプティコン」『ウィキペディア』<https://ja.wikipedia.org/wiki/パノプティコン> 2020年10月17日アクセス。

図９・10：筆者撮影。

図11：'Exeter Exchange.' *Wikipedia, the Free Encyclopedia.* 21 November 2020 <https://en.wikipedia.org/wiki/Exeter_Exchange>.

図12：Baratay, Eric and Elisabeth Hardouin-Fugier. *Zoo: A History of Zoological Gardens in the West.* London: Reaktion Books, 2004, 110.

図13：Gessner, Conrad. *Historiæ animalivm.* Zürich: Tigvri, 1551, 163.

Species 360. <www.species360.org/>. 30 August 2020.

'The Role of Animals during World War One' 3 August 2014. *BBC Newsround.* 22 August 2020 <https://www.bbc.co.uk/newsround/28604874>.

'The Zoo at War.' 3 November 2019. ZSL. 22 August 2020 <https://www.zsl.org/blogs/zsl-london-zoo/the-zoo-at-war>.

'Tierpark in Neumünster erarbeitet Notfallpläne.' 15 April 2020. *Welt.* 25 August 2020 <https://www.welt.de/regionales/hamburg/article207269187/Tierpark-in-Neumuenster-erarbeitet-Notfallplaene.html>.

Vuure, Cis van. *Retracing the Aurochs: History, Morphology and Ecology of an Extinct Wild Ox.* Sofia-Moscow: Pensoft Publishers, 2005.

Zedelmaier, Helmut and Michael Kamp. *Hellabrunn: Geschichte und Geschichten des Münchner Tierparks.* München: Bassermann Verlag, 2011.

Pedersen, Ginger. 'Wild Animals Roam Free: Africa U.S.A. U.S. No. 1, Boca Raton, Florida.' 7 September 2020 <http://www.africa-usa.com/>.

Pindar, George N. *Guide to the Nature Treasures of New York City.* New York: American Museum of Natural History, 1917.

'Real Live Dragons.' *The Evening Star.* 9 August 1926, 8.

Refling, Mary. 'Frederick's Menagerie: A Conference Paper Read at the Second Annual Robert Dombrowski Italian Conference Storrs, Connecticut. September 17-18, 2005.' 1-7, 27 September 2020 <https://faculty.fordham.edu/refling/Frederick%E2%80%99s%20Menagerie.pdf>.

Regan, Tom. *The Case for Animal Rights.* Berkeley: University of California Press, 2004.

Rieke-Müller, Annelore and Lothar Dittrich: *Unterwegs mit wilden Tieren: Wandermenagerien zwischen Belehrung und Kommerz 1750-1850.* Marburg an der Lahn: Basilisken-Presse, 1999.

Robinson, Michael H. 'Bioscience Education through Bioparks.' *BioScience.* 38.9 (1988): 630-634.

Roscher, Mieke and Anna-Katharina Wöbse. 'Resilience Behind Bars: Animals and the Zoo Experience in Wartime London and Berlin.' Laakkonen, Simo, J. R. McNeill, Richard P. Tucker and Timo Vuorisalo, ed. *The Resilient City in World War II: Urban Environmental Histories.* Cham: Palgrave Macmillan, 2019, 151-175.

Rothfels, Nigel. *Savages and Beasts: The Birth of the Modern Zoo.* Baltimore: The Johns Hopkins University Press, 2002.

Sahlins, Peter. 'The Royal Menageries of Louis XIV and the Civilizing Process Revisited.' *French Historical Studies.* 35.2 (2012): 237-267.

'San Diego Builds New Animal Zoo.' *Desert Sun.* 44.246. 19 May 1971, 4.

San Diego Zoo Safari Park: Official Guidebook. n.p.: Beckon Books, n.d. 9.

Saxon, A. H. 'P. T. Barnum and the American Museum.' *The Wilson Quarterly.* 13. 4 (1989): 130-139.

Scanlan, James J. 'Introduction.' Albert the Great. *Man and the Beasts: De Animalibus (Books 22-26).* Trans. James J. Scanlan. Binghamton: MRTS, 1987.

Spang, Rebecca L. '"And They Ate the Zoo": Relating Gastronomic Exoticism in the Siege of Paris.' *MLN.* 107,4 (1992): 752-773.

Kisling. 'Zoological Gardens of the United States.' 147-180.

Klös, Heinz-Georg. *Von der Menagerie zum Tierparadies: 125 Jahre Zoo Berlin.* Berlin: Haude & Spenersche Verlagsbuchhandlung, 1969.

Kuenheim, Haug von. *Carl Hagenbeck.* Hamburg: Ellert & Richter Verlag, 2009.

Liebecke, Robert, ed. *Zooführer: Hier entdecken Sie die Welt der Tiere.* Leipzig: Zoo Leipzig Gmbh, n.d.

Lutz, Dick and J. Marie Lutz. *Komodo: The Living Dragon.* Salem: Dimi Press, 1991.

Mackinnon, Michael. 'Supplying Exotic Animals for the Roman Amphitheatre Games: New Reconstructions Combining Archaeological, Ancient Textual, Historical and Ethnographic Data.' *Mouseion.* 3.6 (2006) 1-25, 27 September 2020 <https://alexandriaarchive.org/bonecommons/archive/files/mackinnon–mouseion–exotic-animals_5699c70e61.pdf>.

Malmberg, Melody. *The Making of Disney's Animal Kingdom Theme Park.* New York: Hyperion, 1998.

Marvin, Garry and Bob Mullan. *Zoo Culture: The Book about Watching People Watch Animals.* Urbana: University of Illinois Press, 1999.

Meier, Frank. *Mensch und Tier im Mittelalter.* Ostfildern: Jan Thorbecke Verlag, 2008.

Meuser, Natascha. *Handbuch und Planungshilfe Zoobauten.* Berlin: DOM Publishers, 2018.

Mitchell, Peter Chalmers. 'A Biological View of English Foreign Policy.' *The Open Court.* 12.2 (1914) 719-723, 27 September 2020 <https://opensiuc.lib.siu.edu/cgi/viewcontent.cgi?article=2907&context=ocj>.

Morris, Desmond. 'Must We Have Zoos? A Famous Zoologist Answers: Yes But...' *Life.* 8 November 1968, 78-86.

Nelson, Kathryn. 'Evaluation of a Naturalistic Exhibit: The Northern Trail at Woodland Park Zoological Gardens.' *Visitor Studies.* 9.1 (1996): 95-102.

O'Regan, H., A. Turner, and R. Sabin. 'Medieval Big Cat Remains from the Royal Menagerie at the Tower of London.' *International Journal of Osteoarchaeology.* 16.5 (2006): 385-394.

Ossian, Clair. 'The Egyptian Court of London's Cristal Palace.' *Kmt. A Modern Journal of Ancient Egypt.* 18.3 (2007): 64-73.

Princeton: Princeton University Press, 2002.

Heck, Ludwig. *Heiter=ernste Lebensgeschichte: Erinnerungen eines alten Tiergärtners.* Berlin: Deutscher Verlag, 1938.

Heck, Lutz: *Tiere–Mein Abenteuer: Erlebnisse in Wildnis und Zoo.* Wien: Verlag Ullstein, 1952.

Hirsch, Fritz and Henning Wiesner. *75 Jahre Münchner Tierpark Hellabrunn: Eine Chronik*. München: Münchner Tierpark Hellabrunn, 1986.

Hoage, R. J. and William Deiss, ed. *New Worlds, New Animals: From Menagerie to Zoological Park in the Nineteenth Century.* Baltimore: The Johns Hopkins University Press, 1996.

Osborne, Michael A. 'Zoos in the Family: The Geoffrey Saint-Hilaire Clan and the Three Zoos of Paris.' 33-42.

Ritvo, Harriet. 'The Order of Nature: Constructing the Collections of Victorian Zoos.' 43-50.

Historic Royal Palaces. 'The Tower of London Menagerie.' 27 September 2020 <https://www.hrp.org.uk/tower-of-london/history-and-stories/the-tower-of-london-menagerie/#gs.cwbofz>.

Itoh, Mayumi. *Japanese Wartime Zoo Policy: The Silent Victims of World War II.* New York: Palgrave Macmillan, 2010.

Jennison, George. *Animals for Show and Pleasure in Ancient Rome.* Philadelphia: University of Pennsylvania Press, 2005.

Johnson, Clelly. 'Prisoners in War: Zoos and Zoo Animals during Human Conflict 1870-1947.' *All Theses.* 2222 (2015) 22 August 2020 <https://tigerprints.clemson.edu/all_theses/2222>.

'Just Like Home for Wild Animals.' *Coronado Eagle and Journal.* 65.27. 29 June 1978, 24.

Kinder, John M. 'Zoo Animals and Modern War: Captive Casualties, Patriotic Citizens, and Good Soldiers.' Hediger, Ryan, ed. *Animals and War: Studies of Europe and North America.* Leiden: Brill, 2013, 45-75.

Kisling, Jr.,Vernon N., ed. *Zoo and Aquarium History.* Boca Raton: CRC Press, 2001.

Keeling, Clinton H. 'Zoological Gardens of Great Britain.' 49-74.

Kisling. 'Ancient Collections and Menageries.' 1-47.

Zwei Wiener Barockmenagerien. en.' 31-46.

'Down the Strand with Ella Yanquell.' *Coronado Eagle and Journal.* 61.11. 14 March 1974, 3.

Dworsky, Alexis. *Dinosaurier! Die Kulturgeschichte.* München: Wilhelm Fink Verlag, 2011.

'Education with Fun and Shivers: Booming Amusement Parks Spike bits of History with lots of Excitement.' *Life.* 1 August 1960, 26-32.

Erlebnis-Zoo Hannover: Entdecken Sie mit uns Deutschlands spektakulärsten Tierpark. Potsdam: Vista Point, 2016.

Fish, R and I. Montagu. 'The Zoological Society and the British Overseas.' Professor Lord Zuckerman, ed. *The Zoological Society of London 1826-1976 and Beyond.* London: Academic Press, 1976, 17-48.

Flack, Andrew J. P. 'Lions loose on a Gentleman's Lawn: Animality, Authenticity and Automoblity in the Emergence of the English Safari Park.' *Journal of Historical Geography.* 54 (2016): 38-49.

Flemming, Johannes. *Führer durch Carl Hagenbecks Tierpark in Stellingen.* Hamburg: Carl Hagenbecks Eigentum und Verlag, 1912.

Gillum Alma. 'Your News is News to me.' *Coronado Eagle and Journal.* 59.18. 11 May 1972, 2.

Gretzschel, Matthias, Klaus Gille and Michael Zapf. *Hagenbeck: Ein zoologisches Paradies. Hundert Jahre Tierpark in Stellingen.* Hamburg: Edition Temmen, 2009.

Guillery, Peter. *The Buildings of London Zoo.* London: Royal Commission on the Historical Monuments of England, 1993.

Hagenbeck, Carl. *Von Tieren und Menschen: Erlebnisse und Erfahrungen von Carl Hagenbeck.* Berlin: Vita Deutsches Verlagshaus, 1908, 1909.

Hahn, Daniel. *The Tower Menagerie: The Amazing True Story of the Royal Collection of Wild Beasts.* London: Simon & Schuster, 2003.

Haikal, Mustafa and Jörg Junhold. *Auf der Spur des Löwen. 125 Jahre Zoo Leipzig.* Leipzig: PRO Leipzig, 2003.

Hancocks, David. *A Different Nature: The Paradoxical World of Zoos and Their Uncertain Future.* Berkeley: University of California Press, 2001.

Hanson, Elizabeth. *Animal Attractions: Nature on Display in American Zoos.*

in the West. London: Reaktion Books, 2004.

Barnard, Timothy P. 'Protecting the Dragon: Dutch Attempts at Limiting Access to Komodo Lizards in the 1920s and 1930s.' *Indonesia.* 92 (2011): 97-123.

Batten, Peter. *Living Trophies: A Shocking Look at the Conditions in America's Zoos.* New York: Thomas Y. Crowell Company, 1976.

Born Free. <https://www.bornfree.org.uk/>. 30 August 2020.

Brantz, Dorothee and Christof Mauch, ed. *Tierische Geschichte: Die Beziehung von Mensch und Tier in der Kultur der Moderne.* Paderborn: Ferdinand Schöningh, 2010.

Hochadel, Oliver. 'Darwin im Affenkäfig: Der Tiergarten als Medium der Evolutionstheorie.' 245-267.

Nechtmann, Tillman W. 'Das ungezähmte Weltreich: Die Domestizierung von Tieren im britischen Impelialismus.' 160-175.

Bruce, W. G. 'Eradication of the Red Tick from a Wild Animal Compound in Florida.' *Journal of the Washington Academy of Sciences.* 52.4 (1962) 81-85.

Bushell, S. W. 'To Mr. Sclater.' *Proceedings of the General Meetings for Scientific Business of the Zoological Society of London.* London: 1898, 588-589.

Coe, Jon Charles. 'The Genesis of Habitat Immersion in Gorilla Exhibits Woodland Park Zoological Garden and Zoo Atlanta – 1978-1988.' 2006, 30 August 2020 <www.joncoedesign.com>.

'"Dinosaurs" Ruled Supreme on Isle.' *The Sunday Star.* 19 September 1926, 20.

Dinzelbacher, Peter. 'Mittelalter.' Dinzelbacher, Peter, ed. *Mensch und Tier in der Geschichte Europas.* Stuttgart: Alfred Kröner Verlag, 2000, 181-292.

'Disastrous Fire: Total Destruction of Barnum's American Museum.' 14 July 1865, *The New York Times.* 22 November 2020 <http://www.nytimes.com/1865/07/14/news/disastrous-fire-total-destruction-barnum-s-american-museum-nine.html>.

Dittrich, Lothar and Annelore Rieke-Müller. *Carl Hagenbeck (1844-1913): Tierhandel und Schaustellungen im Deutschen Kaiserreich.* Frankfurt am Main: Peter Lang, 1998.

Dittrich, Lothar, Dietrich v. Engelhardt and Annelore Rieke-Müller, ed. *Die Kulturgeschichte des Zoos.* Berlin: Verlag für Wissenschaft und Bildung, 2001.

Nogge, Gunther. 'Zoo und die Erhaltung bedrohter Arten.' 183-188.

Paust, Bettina. '„... nach der zu Versailles für eine der schönsten in Europa ..."

1997年。

ロクストン、ダニエル、ドナルド・R・プロセロ（松浦俊輔訳）『未確認生物UMAを科学する――モンスターはなぜ目撃され続けるのか』化学同人、2016年。

若生謙二『日米における動物園の発展過程に関する研究』博士論文（東京大学）、1993年。

若生謙二「アメリカの動物園におけるランドスケープ・イマージョンの概念と動物観の変化」『日本造園学会誌』62（5）、1999年、473-476ページ。

若生謙二『動物園革命』岩波書店、2010年。

若生謙二「熊本市動植物園、飯田市動物園に新たな展示をつくる」『大阪芸術大学　紀要〈藝術〉』36、2013年、127-138ページ。

若生謙二「宇部市ときわ動物園に「中南米、アフリカ・マダガスカル、山口・宇部の自然」ゾーンをつくる」『大阪芸術大学　紀要〈藝術〉』39、2016年、97-112ページ。

'Africa U.S.A.' *San Bernardino Sun*. 60.50. 28 October 1953, 9.
Animals Desired for the National Zoological Park at Washington, D.C., United States of America. Washington, D.C.: Government Printing Office, 1899.
Artinger, Kai. 'Lutz Heck: Der „Vater der Rominter Ure": Einige Bemerkungen zum wissenschaftlichen Leiter des Berliner Zoos im Nationalsozialismus.' *Der Bär von Berlin: Jahrbuch des Vereins für die Geschichte Berlins.* (1994): 125-138.
Ash, Mitchell G., ed. *Mensch, Tier und Zoo: Der Tiergarten Schönbrunn im internationalen Vergleich vom 18. Jahrhunderts bis heute.* Wien: Böhlau Verlag, 2008.
Graczyk, Annette. 'Der Zoo als Tableau.' 98-110.
Hyson, Jeffrey. 'Zoos und die amerikanische Freizeitkultur.' 225-249.
Rothfels, Nigel. 'Die Revolution des Herrn Hagenbeck.' 203-224.
'A Strange Story of a Giant Reptile.' *The Sphere.* 8 January 1910, 35.
Baetens, Roland. *The Chant of Paradise: The Antwerp Zoo: 150 Years of History.* Tielt: Uitgeverij Lannoo, 1993.
Baratay, Eric and Elisabeth Hardouin-Fugier. *Zoo: Von der Menagerie zum Tierpark.* Berlin: Verlag Klaus Wagenbach, 2000.
Baratay, Eric and Elisabeth Hardouin-Fugier. *Zoo: A History of Zoological Gardens*

参考文献一覧

中川志郎『多摩動物公園』東京都公園協会、1994年。

西村三郎『文明のなかの博物学——西欧と日本』上巻、紀伊國屋書店、2000年。

日本動物園水族館協会「(公社) 日本動物園水族館協会の4つの役割」<https://www.jaza.jp/about-jaza/four-objectives> 2020年9月27日アクセス。

能登路雅子『ディズニーランドという聖地』岩波書店、2015年。

浜野喬士『エコテロリズム——過激化する環境運動とアメリカの内なるテロ』洋泉社、2009年。

バルロワ、ジャン゠ジャック(ベカエール直美訳)『幻の動物たち』上巻、早川書房、1993年。

福澤諭吉『福沢諭吉著作集　第1巻　西洋事情』慶應義塾大学出版会、2013年。

フーコー、ミシェル(田村俶訳)『監獄の誕生——監視と処罰』新潮社、1977年。

「不老門の開放——箕面動物園の動物だより」『大阪毎日新聞』1911年6月4日。

ヘロドトス(松平千秋訳)『歴史』上巻、岩波書店、2017年。

ホワイト、リン(青木靖三訳)『機械と神』みすず書房、1972年。

前田徹『メソポタミアの王・神・世界観——シュメール人の王権観』山川出版社、2003年。

マクニール、ウィリアム・H(増田義郎ほか訳)『世界史』上巻、中央公論新社、2012年。

溝井裕一『動物園の文化史——ひとと動物の5000年』勉誠出版、2014年。

溝井裕一、細川裕史、齊藤公輔編『想起する帝国——ナチス・ドイツ「記憶」の文化史』勉誠出版、2017年。

溝井裕一『水族館の文化史——ひと・動物・モノがおりなす魔術的世界』勉誠出版、2018年。

モーンハウプト、ヤン(赤坂桃子訳)『東西ベルリン動物園大戦争』CCCメディアハウス、2018年。

吉原政義編『阪神急行電鉄二十五年史』阪神急行電鉄、1932年。

横山輝雄『生物学の歴史——進化論の形成と展開』放送大学教育振興会、2018年。

レオポルド、アルド(新島義昭訳)『野生のうたが聞こえる』講談社、

久米邦武（水澤周・現代語訳）『米欧回覧実記』第1-5巻、慶應義塾大学出版会、2008-16年。

ケイギル、マージョリー編（堀晄ほか訳）『大英博物館のＡからＺまで 改訂版』ミュージアム図書、2006年。

神戸市立王子動物園編『諏訪子と歩んだ50年――王子動物園開園50周年記念誌』森山印刷、2001年、同資料編、文尚堂、2001年。

古賀忠道「欧米動物園視察記（二）」『公園緑地』14.1、1952年、11-24ページ。

古賀忠道「欧米動物園視察記（四）」『公園緑地』15.1、1953年、31-44ページ。

「五月九日からライオンバス――多摩動物公園で開場」『毎日新聞』1964年3月24日（朝刊）16ページ。

齊藤純「箕面動物園の桃太郎の宮――お伽話・児童・ツーリズム」『昔話――研究と資料』32、2004年、77-92ページ。

佐々木時雄『動物園の歴史――日本における動物園の成立』講談社、1987年。

佐藤恵子『ヘッケルと進化の夢――一元論、エコロジー、系統樹』工作舎、2015年。

「自然動物園　七カ所に計画――野生を見せるというけれど」『朝日新聞』1975年3月5日（朝刊）。

シンガー、ピーター（戸田清訳）『動物の解放』技術と人間、2002年。

新共同訳『聖書――旧約聖書続編つき』日本聖書協会、2000年。

鈴木克美『水族館』法政大学出版局、2003年。

高岡武司「国連人間環境会議とその後の国際的動向」『環境技術』2 (4)、1973年、221-226ページ。

立川「ライオン放し飼い――バスで見物も」『朝日新聞』1961年1月5日（朝刊）10ページ。

「多摩動物公園にできるアフリカ園」『読売新聞』1961年1月28日（夕刊）4ページ。

「大半はサクの外から“見物”――ライオン園びらき」『毎日新聞』1964年5月18日（朝刊）16ページ。

トマス、ボブ（玉置悦子、能登路雅子訳）『ウォルト・ディズニー――創造と冒険の生涯』講談社、2017年。

参考文献一覧

秋山正美『動物園の昭和史——おじさん、なぜライオンを殺したの——戦火に葬られた動物たち』データハウス、1995年。

アッカーマン、ダイアン（青木玲訳）『ユダヤ人を救った動物園——ヤンとニーナの物語』亜紀書房、2009年。

アリストテレース（島崎三郎訳）『動物誌』上下巻、岩波書店、1998-99年。

石田戢『日本の動物園』東京大学出版会、2010年。

一ノ瀬正樹「動物たちの叫び——『動物の権利』についての一考察」『応用倫理・哲学論集』3、2007年、1-43ページ。

稲垣栄洋『はずれ者が進化をつくる——生き物をめぐる個性の秘密』筑摩書房、2020年。

ウィルキンソン、リチャード（内田杉彦訳）『古代エジプト神々大百科』東洋書林、2004年。

大阪市天王寺動物園編『大阪市天王寺動物園70年史』大阪書籍、1985年。

大阪市立動物園『動物二千六百年史』大枝秀文社、1941年。

オールティック、R・D（浜名恵美ほか訳）『ロンドンの見世物　II』国書刊行会、1990年。

岡島成行『アメリカの環境保護運動』岩波書店、1993年。

小沢詠美子「浅草花屋敷における動物飼育について——幕末～明治を中心に」『生活文化研究所年報』20、2007年、3-25ページ。

恩賜上野動物園編『上野動物園百年史』第一法規出版、1982年。

梶島孝雄『資料　日本動物史』八坂書房、2002年。

北王英一『東山動物園要覧』名古屋市東山動物園、1943年。

木下直之『動物園巡礼』東京大学出版会、2018年。

鬼頭秀一『自然保護を問いなおす——環境倫理とネットワーク』筑摩書房、1997年。

京都市、京都市動物園編『京都市動物園80年のあゆみ』上林紙業、1984年。

本文ＤＴＰ／今井明子

ラクレとは…la clef＝フランス語で「鍵」の意味です。
情報が氾濫するいま、時代を読み解き指針を示す
「知識の鍵」を提供します。

中公新書ラクレ
713

動物園《どうぶつえん》・その歴史《れきし》と冒険《ぼうけん》

2021年1月10日発行

著者……溝井《みぞい》裕一《ゆういち》

発行者……松田陽三
発行所……中央公論新社
〒100-8152 東京都千代田区大手町1-7-1
電話……販売 03-5299-1730　編集 03-5299-1870
URL http://www.chuko.co.jp/

本文印刷……三晃印刷
カバー印刷……大熊整美堂
製本……小泉製本

Published by CHUOKORON-SHINSHA, INC.
Printed in Japan　ISBN978-4-12-150713-6　C1220

中公新書ラクレ　好評既刊

L687 神になった日本人
――私たちの心の奥に潜むもの

小松和彦 著

古来、日本人は実在した人物を、死後、神として祀り上げることがあった。空海、安倍晴明、平将門、崇徳院、後醍醐天皇、徳川家康、西郷隆盛――。もちろん、誰でも神になれるわけではない。そこには、特別な「理由」が、また残された人びとが伝える「物語」が必要となる。死後の怨霊が祟るかもしれない、生前の偉業を後世に伝えたい――。11人の「神になった日本人」に託された思いを探りながら、日本人の奥底に流れる精神を摑みだすとしよう。

L706 初歩からのシャーロック・ホームズ

北原尚彦 著

1887年、『緋色の研究』にて世に登場して以来、シャーロック・ホームズは小説、コミック、映像、ゲームなどメディアの変遷に乗り、名探偵として世界中で親しまれてきました。本書は、日本屈指の研究家がそんなホームズの人気と謎に迫り、魅力を初歩から解説します。マニアも楽しめる読み所とエピソードが満載、資料も入った永久保存版です。これから読む人には最高の入り口となり、正典60篇を読み終えた人にはその後の指針たらんことを！

L709 ゲンロン戦記
――「知の観客」をつくる

東　浩紀 著

「数」の論理と資本主義が支配するこの残酷な世界で、人間が自由であることは可能なのか？「観客」「誤配」という言葉で武装し、大資本の罠、敵／味方の分断にあらがう、東浩紀の「生き延び」の思想。哲学とサブカルを縦横に論じた時代の寵児は、2010年、新たな知的空間の構築を目指して「ゲンロン」を立ち上げ、戦端を開く。いっけん華々しい戦績の裏にあったのは、予期せぬ失敗の連続だった。ゲンロン10年をつづるスリル満点の物語。